# Abbildung thermo-elastischer Fehler von Fräsmaschinen auf Basis des photoelektrischen Effekts und eines lernenden Modells

# Mapping Thermo-Elastic Errors of Milling Machines Based on The Photoelectric Effect and A Learning Model

Von der Fakultät für Maschinenwesen
der Rheinisch-Westfälischen Technischen Hochschule Aachen
zur Erlangung des akademischen Grades eines
Doktors der Ingenieurwissenschaften
genehmigte Dissertation

vorgelegt von

Robert Spierling



**Berichter/in:**

Univ.-Prof. Dr.-Ing. Christian Brecher
Univ.-Prof. Dr.-Ing. Steffen Ihlenfeldt

Tag der mündlichen Prüfung: 17. November 2023

ERGEBNISSE AUS DER PRODUKTIONSTECHNIK

**Robert Spierling**

# Abbildung thermo-elastischer Fehler von Fräsmaschinen auf Basis des photoelektrischen Effekts und eines lernenden Modells

**Herausgeber:**
Prof. Dr.-Ing. T. Bergs
Prof. Dr.-Ing. Dipl.-Wirt. Ing. G. Schuh
Prof. Dr.-Ing. C. Brecher
Prof. Dr.-Ing. R. H. Schmitt

Band 10/2024

WZL | RWTH AACHEN UNIVERSITY

Fraunhofer IPT

**Bibliografische Information der Deutschen Nationalbibliothek**
Die Deutsche Nationalbibliothek verzeichnet diese Publikation in der Deutschen Nationalbibliografie; detaillierte bibliografische Daten sind im Internet über https://portal.dnb.de abrufbar.

Robert Spierling:

Abbildung thermo-elastischer Fehler von Fräsmaschinen auf Basis des photoelektrischen Effekts und eines lernenden Modells

1. Auflage, 2024

Gedruckt auf holz- und säurefreiem Papier, 100% chlorfrei gebleicht.


Wissenschaftsverlag des Instituts für Industriekommunikation und Fachmedien an der RWTH Aachen
Steinbachstr. 25, 52074 Aachen
Internet: www.apprimus-verlag.de, E-Mail: info@apprimus-verlag.de



Druck: CPI Druckdienstleistungen GmbH, Ferdinand-Jühlke-Straße 7 I 99095 Erfurt

ISBN 978-3-98555-208-5

D 82 (Diss. RWTH Aachen University, 2023)

# Vorwort

*Preamble*

Die vorliegende Arbeit entstand während meiner Tätigkeit als wissenschaftlicher Mitarbeiter am Werkzeugmaschinenlabor (WZL) der RWTH Aachen.

Zuerst möchte ich meinem Doktorvater Prof. Dr.-Ing Christian Brecher danken, der diese Arbeit ermöglicht hat. Prof. Dr.-Ing. Steffen Ihlenfeldt danke ich für die Übernahme des Korreferats. Prof. Dr.-Ing. Reinhold Kneer danke ich für die Übernahme des Vorsitzes meines Promotionsverfahrens.

Für die Durchsicht der Arbeit, ihre hilfreichen Anmerkungen sowie die fruchtbaren Diskussionen möchte ich Lisa Tesch, Elise Spierling, Mathias Dehn und Dr.-Ing. Alexander Epple danken.

Mein besonderer Dank gilt den Studenten, die mich bei der Erstellung der Arbeit unterstützt haben. Namentlich sind dies Jörg Patzelt, Franziska Plum, Marc Schauss, Aditya Mishra, Fabienne Gries, Neele Hannes, Jan Marvin Schäfer, Marcel Wittmann, Jos Tim Wulfestieg und Felix Wünsche.

Allen Mitarbeiterinnen und Mitarbeitern des Werkzeugmaschinenlabors, die mich bei der Erstellung dieser Arbeit und meiner Tätigkeit als wissenschaftlicher Mitarbeiter unterstützt haben, möchte ich an dieser Stelle ebenfalls meinen Dank aussprechen.

Weiterhin gilt mein Dank meiner Familie, die mich auf meinem Lebensweg immer unterstützt hat und die Erstellung dieser Arbeit erst möglich gemacht hat.

Die in dieser Arbeit vorgestellten Ergebnisse wurden im Wesentlichen im Forschungsprojekt „Direkte Korrektur thermo-elastischer Verlagerungen“ sowie im Sonderforschungsbereich Transregio 96 – Teilprojekt B06 „Eigenschaftsmodellbasierte Korrektur“ erarbeitet. Gefördert durch die Deutsche Forschungsgemeinschaft (DFG) – Projektnummern 419982228; 174223256.

Aachen, im Frühjahr 2023 Robert Spierling

*Philipp Menke (†) als Vorbild an wissenschaftlicher Neugier und Forschergeist gewidmet*

# Inhaltsverzeichnis

*Content*

# Formelzeichen und Abkürzungsverzeichnis

*Formula symbols and abbreviations*

**Lateinische Zeichen**

| **Zeichen** | **Einheit** | **Benennung** |
|---|---|---|
| $A$ | µm | Zweiseitige Positioniergenauigkeit einer Achse |
| $B_i$ | µm | Umkehrspanne des Messpunkts i |
| $BAZx$ | mm | Länge der X-Achse des Bearbeitungszentrums |
| $C_i$ | | Gewichtungsfaktor |
| $\mathcal{D}_{k\|k-1}$ | | transformierte Sigma-Vektoren |
| $E(t)$ | | Exemplarischer Fehler |
| $E$ | µm | Zweiseitige systematische Positionsabweichung einer Achse |
| $E_P$ | J | Energie eines Photons |
| $EAC$ | µrad | Taumelfehler der C-Achse |
| $EAX$ ($EAX_i$) | µrad | Rollfehler der X-Achse (zum Zeitpunkt i) |
| $EAY$ ($EAX_i$) | µrad | Nickfehler der Y-Achse (zum Zeitpunkt i) |
| $EA0Y$ | µm/m | Rechtwinkligkeit der Z-Achse zur Y-Achse (zum Zeitpunkt i) |
| $EA0Z$ ($EA0Z_i$) | µm/m | Rechtwinkligkeit der Y-Achse zur Z-Achse (zum Zeitpunkt i) |
| $EBC$ | µrad | Taumelfehler der C-Achse |
| $EBX$ ($EBX_i$) | µrad | Nickfehler der X-Achse (zum Zeitpunkt i) |
| $EBX_{rand}$ | µrad | Zufälliger Nickfehler der X-Achse |
| $EBX_{max}$ | µrad | Maximaler Nickfehler der X-Achse |
| $EBY$ ($EBY_i$) | µrad | Rollfehler der Y-Achse (zum Zeitpunkt i) |
| $EB0X$ ($EB0X_i$) | µm/m | Rechtwinkligkeit der Z-Achse zur X-Achse (zum Zeitpunkt i) |
| $EB0Z$ ($EB0Z_i$) | µm/m | Rechtwinkligkeit der X-Achse zur Z-Achse (zum Zeitpunkt i) |
| $ECC$ | µrad | Positionsabweichung der C-Achse |
| $ECX$ ($ECX_i$) | µrad | Gierfehler der X-Achse (zum Zeitpunkt i) |
| $ECY$ ($ECY_i$) | µrad | Gierfehler der Y-Achse (zum Zeitpunkt i) |

**Lateinische Zeichen**

| Zeichen | Einheit | Benennung |
|---|---|---|
| $ECOY$ ($ECOY_i$) | µm/m | Rechtwinkligkeit der Y-Achse zur X-Achse (zum Zeitpunkt i) |
| $ECOY_{max}$ | µm/m | Max. Rechtwinkligkeitsfehler Y-Achse zur X-Achse |
| $EXC$ | µm/rad | Rundlaufabweichung der C-Achse |
| $EXX$ ($EXX_i$) | µm | Positioniergenauigkeit der X-Achse (zum Zeitpunkt i) |
| $EXX_{rand}$ | µm | Zufälliger Positionierfehler der X-Achse |
| $EXX_{max}$ | µm | Maximaler Positionierfehler der X-Achse |
| $EXY$ ($EXY_i$) | µm | Geradheit der Y-Achse in X-Richtung (zum Zeitpunkt i) |
| $EXY_{rand}$ | µm | Zufälliger Geradheitsfehler der X-Achse in Y-Richtung |
| $EXX_{max}$ | µm | Maximaler Geradheitsfehler der X-Achse in Y-Richtung |
| $EXZ$ ($EXZ_i$) | µm | Geradheit der Z-Achse in X-Richtung (zum Zeitpunkt i) |
| $EYC$ | µm/rad | Rundlaufabweichung der C-Achse |
| $EYX$ ($EYX_i$) | µm | Geradheit der X-Achse in Y-Richtung (zum Zeitpunkt i) |
| $EYZ$ ($EYZ_i$) | µm | Geradheit der Z-Achse in Y-Richtung (zum Zeitpunkt i) |
| $EYY$ ($EYY_i$) | µm | Positioniergenauigkeit der Y-Achse (zum Zeitpunkt i) |
| $EZC$ | µm | Abweichung von der axialen Ruhe der C-Achse |
| $EZX$ ($EZX_i$) | µm | Geradheit der X-Achse in Z-Richtung (zum Zeitpunkt i) |
| $EZY$ ($EZY_i$) | µm | Geradheit der Y-Achse in Z-Richtung (zum Zeitpunkt i) |
| $G(s)$ | | Übertragungsfunktion |
| $I$ | W/m² | Intensität |
| $I_{max}$ | W/m² | Maximale Intensität |
| $I_n$ | A | Strom n |
| $K$ | | Verstärkungsfaktor |
| $L$ | m | Elektrodenabstand |
| $L$ | | Dimension der Variable |
| $M$ | µm | Gemittelte zweiseitige Positionsabweichung einer Achse |
| $P$ | % | Produktivitätsverlust |
| $PV$ | µm | Spitze-Tal Wert (engl.: *Peak to Valley*) |
| $P_{\bar{d}_k \bar{d}_k}$ | | Kovarianz zwischen den Mittelwerten |

**Lateinische Zeichen**

| Zeichen | Einheit | Benennung |
|---|---|---|
| $P_{w_k d_k}$ | | Kovarianz zwischen Zustand und Messwert |
| $P_{\overline{w}_k}$ | | Neue Kovarianz |
| $P_{w_{k-1}}$ | | Alte Kovarianz |
| $RMSE$ | µm | Mittlerer quadratische Fehler<br>(engl.: *Root Mean Square Error*) |
| $R_i$ | µm | Zweiseitige Wiederholpräzision des Messpunkts i |
| $R_{jk\ i}$ | µm | i. Ausgleichsgerade des Strahlsegments j<br>in Koordinatenrichtung k |
| $R_k^e$ | | Messrauscheingang des UKF |
| $R_{k-1}^r$ | | Prozessrauschen |
| $\mathrm{S_i}$ | | Spiegel Nr. i |
| $S_0$ | | Vektor der Referenzmessungen der fünf Strahlsegmente |
| $S_i$ | | Vektor der i. Messungen der fünf Strahlsegmente |
| $T$ | s | Zeitkonstante |
| $T_U$ | °C | Umgebungstemperatur |
| $U$ | | Erweiterte Standardunsicherheit |
| $U_A(\varphi)$ | V | Ausgangsspannung des Differentialkondensators |
| $W_i^{(c)}$ | | Gewicht für die Kovarianz des UKF |
| $W_i^{(m)}$ | | Gewicht für den Mittelwert des UKF |
| $\boldsymbol{w}_{k\|k-1}$ | | Sigma-Vektoren |
| $X$ | m | Auftreffpunkt des Lichtstrahls |
| $X_1, X_2$ | V | PSD-Signal in X-Richtung PSD 1 bzw. 2 |
| $Y_1, Y_2$ | V | PSD-Signal in Y-Richtung PSD 1 bzw. 2 |
| $a$ | µm | Auflösung des diskreten Messsignals |
| $a$ | | Halbe Breite der Rechteckverteilung |
| $b$ | bit | Anzahl verfügbarer Stellen im AD-Wandler |
| $c$ | m/s | Lichtgeschwindigkeit |
| $c_o$ | m/s | Lichtgeschwindigkeit im Vakuum,<br>$c_0 = 299.792.458\,m/s$ |
| $c_n$ | m/s | Lichtgeschwindigkeit im durchstrahlten Medium |

**Lateinische Zeichen**

| Zeichen | Einheit | Benennung |
|---|---|---|
| $c_1$ | Wm² | 1. Strahlungskonstante plancksches Verteilungsgesetz $c_1 = 3{,}147 \cdot 10^{-16}\, Wm^2$ |
| $c_2$ | mK | 2. Strahlungskonstante plancksches Verteilungsgesetz $c_2 = 1{,}439 \cdot 10^{-2}\, mK$ |
| $c_i$ | | Gradienten der Standardunsicherheiten |
| $d$ | µm | Filterbreite |
| $d_{3-Achs}$ | µm | Abweichung einer 3-Achs Kinematik im Raum |
| $d_{komp\,x}$ | µm | Komponentenfehler einer linearen X-Achse |
| $d_{komp\,y}$ | µm | Komponentenfehler einer linearen Y-Achse |
| $d_{komp\,z}$ | µm | Komponentenfehler einer linearen Z-Achse |
| $d_k$ | | Messwert im UKF |
| $\hat{d}_k$ | | Vorhersage der Messung |
| $d_{lage}$ | µm | Lagefehler einer linearen 3-Achs Kinematik |
| $d_{SaSb}$ | mm | Abstand der Strahlsegmente a und b |
| $h$ | Js | Planck-Konstante, $h = 3{,}6261 \cdot 10^{-34} Js$ |
| $h(t)$ | | Sprungantwort |
| $k$ | | Erweiterungsfaktor |
| $l$ | m | Dehnlänge |
| $l_0$ | m | Ausgangslänge |
| $l_1$ | m | Erste wirksame Hebellänge der PSD |
| $l_2$ | m | Zweite wirksame Hebellänge der PSD |
| $l_{Sj}$ | mm | Länge des Strahlsegments j |
| $l_{PSD}$ | mm | Länge der aktiven Fläche der PSD |
| $m$ | µm | Messbereich der PSD |
| $n$ | | Ordnung des Verzögerungsglieds |
| $n$ | | Anzahl der Versuche |
| $n_s$ | | Zähler der Intensitätsmaxima |
| $\dot{q}''$ | W/m² | Flächenbezogene Wärmeleistung |
| $q''_{\lambda s}$ | W/m³ | Flächen- und bandbreitenbezogene Strahlungsleistung |
| $q_k$ | | Einzelnes Messergebnis |

**Lateinische Zeichen**

| Zeichen | Einheit | Benennung |
|---|---|---|
| $\bar{q}$ | | Arithmetischer Mittelwert der Messergebnisse |
| $\boldsymbol{r}_{i\ jk}$ | µm | Ausgleichsgerade zum Zeitpunkt i der transienten Änderung des Strahlsegments j in Koordinatenrichtung k |
| $s$ | $s^{-1}$ | komplexe Variable |
| $s$ | | Empirische Standardabweichung vom Mittelwert |
| $s$ | mm | Stahlversatz des Laserstrahls |
| $s_B$ | mm | Länge der versetzten Gegenkathete |
| $s_0$ | mm | Länge der Gegenkathete |
| $s_i \uparrow$ | µm | Schätzwert für die einseitige Wiederholpräzision einer Achse der Position i in positiver Richtung |
| $s_i \downarrow$ | µm | Schätzwert für die einseitige Wiederholpräzision einer Achse an der Position i in negativer Richtung |
| $s_{i\ jk}$ | µm | i. Messung des Strahlsegments j in Koordinatenrichtung k |
| $s_{0\ jk}$ | µm | Referenzmessung des Strahlsegments j in Koordinatenrichtung k |
| $s_{skal}$ | | Sicherheitsfaktor |
| $t$ | s | Zeit |
| $t_{Schätz}$ | min | Schätzintervall |
| $t_{Mess}$ | min | Messzeit |
| $u(t)$ | | Systemeingang |
| $u$ | | Standardunsicherheit |
| $u_c$ | | Kombinierte Standardunsicherheit |
| $u_{Auflösung}$ | µm | Unsicherheit der Auflösung des Messsystems |
| $u_{Filterbrechung}$ | µm | Unsicherheit der Filterbrechung |
| $u_{Messkopf\ Z}$ | µm | Unsicherheit thermo-elastische Messkopfdehnung in Z |
| $u_{Messrahmen}$ | µm | Unsicherheit thermo-elastische Messrahmendehnung |
| $u_{Normalverteilung}$ | | Standardunsicherheit der Normalverteilung |
| $u_{PSD}$ | µm | Unsicherheit der PSD |
| $u_{Rechteckverteilung}$ | | Standardunsicherheit der Rechteckverteilung |
| $u_{Strahlablenkung}$ | µm | Unsicherheit der orthogonalen Strahlablenkung |

**Lateinische Zeichen**

| Zeichen | Einheit | Benennung |
|---|---|---|
| $u_{Sum}$ | µm | Summierte Unsicherheit |
| $u_X$ | µm | Unsicherheit der thermo-elastische Messrahmendehnung in X |
| $u_Y$ | µm | Unsicherheit der thermo-elastische Messrahmendehnung in Y |
| $u_Z$ | µm | Unsicherheit der thermo-elastische Messrahmendehnung in Z |
| $u_{ax}$ | µm | Axiale Einwechselwiederholunsicherheit des HSK-T 63 |
| $u_{rad}$ | µm | Radiale Einwechselwiederholunsicherheit des HSK-T 63 |
| $u_{rot}$ | µm | Rotatorische Einwechselwiederholunsicherheit HSK- T 63 |
| $v$ | m/s | Strömungsgeschwindigkeit |
| $\widehat{w}_k$ | | Neuer Mittelwert |
| $\widehat{w}_{k-1}$ | | Alter Mittelwert |
| $x$ | mm | X-Koordinate |
| $x_{Mess}$ | µm | Gemessener Fehler |
| $x_{Modell}$ | µm | Modellierter Fehler |
| $x_{PSD}$ | mm | Verarbeiteter, relativer Messwert der PSD in X-Richtung |
| $x_k$ | | Systemzustand der inneren Modellbeschreibung des UKF |
| $\bar{x}_i \uparrow$ | µm | Gemittelte einseitige Positionsabweichung Position i in positiver Anfahrrichtung |
| $\bar{x}_i \downarrow$ | µm | Gemittelte einseitige Positionsabweichung Position i in negativer Anfahrrichtung |
| $\bar{x}_i$ | µm | Gemittelte zweiseitige Positionsabweichung Position i |
| $y$ | mm | Y-Koordinate |
| $y(t)$ | | Systemausgang |
| $y_{PSD}$ | mm | Verarbeiteter, relativer Messwert der PSD in Y-Richtung |
| $z$ | mm | Z-Koordinate |

**Griechische Zeichen**

| Zeichen | Einheit | Benennung |
|---|---|---|
| $\Delta T$ | K | Temperaturdifferenz |
| $\Delta S_i$ | | Vektor der i. transienten Änderung der fünf Strahlsegmente |
| $\Delta l$ | m | Längendifferenz |
| $\Delta s$ | mm | Veränderung des Strahlversatzes |
| $\Delta \boldsymbol{s}_{i\ jk}$ | µm | Messung zum Zeitpunkt i der transienten Änderung des Strahlsegments j in Koordinatenrichtung k |
| $\Delta x$ | m | Periodenlänge |
| $\Delta i_j$ | m | Komponentenabweichung der Achse j in Richtung i |
| $\Delta i_0$ | m | Lageabweichung der Achse j |
| $\mathcal{K}_k$ | | Kalmann Gain |
| $\alpha$ | | Einstellparameter UKF |
| $\alpha$ | $W/(m^2 \cdot K)$ | Wärmeübergangskoeffizient |
| $\alpha$ | mrad | Einfallswinkel |
| $\dot{\alpha}$ | mrad | Winkeländerung des Einfallswinkels |
| $\alpha_{th}$ | $\mu m/(m \cdot K)$ | Linearer thermo-elastischer Dehnungskoeffizient |
| $\beta$ | mrad | Brechungsindex des Filters |
| $\beta$ | | Einstellparameter UKF |
| $\gamma$ | | Parameter |
| $\kappa$ | | Einstellparameter UKF |
| $\lambda$ | m | Wellenlänge |
| $\lambda$ | | Skalierungsparameter |
| $\sigma$ | | Standardabweichung |
| $\nu$ | $s^{-1}$ | Lichtfrequenz |
| $\varphi_{rand}$ | rad | Zufällige Phasenverschiebung |

| Abkürzung | Benennung |
|---|---|
| AD-Wandler | Analog-Digital-Wandler |
| AP | Auflagerpunkt |
| CFK | Carbonfaserverstärkter Kunststoff |
| EKF | Extended Kalman Filter |
| GUM | Leitfaden zur Beschreibung von Unsicherheiten beim Messen (engl.: *Guide to the Expression of Uncertainty in Measurement*) |
| KMG | Koordinatenmessgerät |
| KNN | Künstliche neuronale Netze |
| $K_v$-*Faktor* | Verstärkungsfaktor der Antriebsregelung im Lageregler |
| Laser | Light amplification by stimulated emission of radiation |
| NC | Numerische Steuerung (engl.: *numerical control*) |
| PSD | Positionssensitive Diode |
| $PT_n$ | Verzögerungsglied der Ordnung n |
| PT100 | Platin-Temperatur-Messwiderstand mit 100 Ω Nennwiderstand |
| TCP | Tool Center Point |
| UKF | Unscented Kalman Filter |
| WZM | Werkzeugmaschine |
| 1D | Eindimensional |

# 1 Einleitung

*Introduction*

Das produzierende Gewerbe spielt eine zentrale Rolle in der deutschen Volkswirtschaft. Dies stützt sich insbesondere auf den von der Produktion ausgehenden Multiplikatoreffekt auf andere Industrien. [BREC 11] Werkzeugmaschinen stellen zentrale Produktionsmittel der in der Bundesrepublik starken metallverarbeitenden Industrie dar [BREC 17]. Ein Anteil von 15,2 % der weltweiten Werkzeugmaschinenproduktion stammte im Jahr 2020 von deutschen Herstellern [VDW 21]. Der Maschinengattung und der Wettbewerbsfähigkeit der Branche kommt somit eine wichtige Rolle für die deutsche Wirtschaft zu.

Das Leistungsvermögen von Werkzeugmaschinen ist charakterisiert durch die Produktivität, die Arbeitsgenauigkeit, das Umweltverhalten und die Zuverlässigkeit. Die Arbeitsgenauigkeit und die Produktivität wiederum sind u. a. durch das statische, dynamische, geometrische und thermo-elastische Verhalten, die Dynamik von Antrieben und Steuerung sowie die realisierbaren Drehzahlen, Drehmomente, umsetzbare Leistungen und Nebenzeiten bestimmt. [BREC 17]

Dabei werden bis zu 75% der geometrischen Fehler am Werkstück durch das thermo-elastische Verhalten des Maschinensystems und des Werkstücks bestimmt [MAYR 12]. Dies ist auf innere und äußere Wärmelasten zurückzuführen [BREC 17]. Eine Vielzahl an Branchen, aber insbesondere die Energietechnik, die Verfahrenstechnik, die Luftfahrtindustrie, die Medizintechnik, die Werkzeugmaschinenbranche sowie der Werkzeug- und Formenbau, haben einen Bedarf an gesteigerter Präzision von Maschinen [SCHW 08]; [FLOR 16]. Dabei ist eine energetisch ineffiziente und Betriebskosten steigernde Klimatisierung der Maschinenumgebung gegen die Kosten anderer Maßnahmen abzuwägen, die die Genauigkeit steigern [BRYA 68]. Für die präzise Kalibrierung und Zwischenüberprüfung von Standardmaschinen sind jedoch nur in begrenztem Maße wirtschaftliche Technologien verfügbar [FLOR 16].

Der mögliche, massive Einfluss auf die Maßhaltigkeit bzw. Qualität des Werkstücks macht die thermo-energetische Gestaltung von Werkzeugmaschinen zu einem wichtigen Forschungsfeld der Produktionstechnik. Dies spiegelt sich in Deutschland in der Einrichtung des Sonderforschungsbereichs ‚Thermo-energetische Gestaltung von Werkzeugmaschinen' im Jahr 2011 wider [GROS 15]. Diese Arbeit liefert einen Beitrag, die Lücke an 3-Achs Fräsmaschinen zu schließen.

# Introduction

The manufacturing sector plays a significant role in German economy. This is based in particular on multiplier effect production has on other industries. [BREC 11]

Machine tools represent central means of production for metalworking industry, which is strong in the Federal Republic of Germany [BREC 17] . A share of 15.2 % of worldwide machine tool production originated from German manufacturers in 2020 [VDW 21]. The machine class and the competitiveness of the industry thus play a key role for the German economy.

The performance of machine tools is characterized by productivity, machining accuracy, environmental behavior and reliability. The machining accuracy and the productivity in turn are among other things determined by the static, dynamic, geometric and thermo-elastic behavior, the dynamics of drives and controls as well as the realizable speeds, torques, convertible power and non-productive times. [BREC 17]

Up to 75% of the geometric workpiece errors are determined by the thermo-elastic behavior of machine system and workpiece [MAYR12]. This can be attributed to internal and external thermal loads [BREC 17]. A large number of industries, but especially energy technology, process engineering, aerospace industry, medical technology, machine tool industry as well as tool and die making, have a need for increased precision of machines [SCHW 08]; [FLOR 16]. Thereby, an energetically inefficient and operating cost-increasing air conditioning of the machine environment has to be weighed against the costs of other accuracy-increasing measures [BRYA 68]. However, there are limited economical technologies available for precise calibration and intermediate verification of standard machines [FLOR16].

The possible, massive influence on the dimensional accuracy or quality of the workpiece makes the thermo-energetic design of machine tools an important field of research in production engineering. In Germany, this is reflected in establishment of the Collaborative Research Center 'Thermo-energetic Design of Machine Tools' in 2011 [GROS 15]. This work provides a contribution to close the gap on 3-axis milling machines.

# 2 Stand der Technik in Forschung und Industrie

*State of the art in research and industry*

Die Arbeitsgenauigkeit und Produktivität sind wichtige Eigenschaften zur Beurteilung von Werkzeugmaschinen, Bild 2-1. Relevante Kategorien sind dabei das geometrische und kinematische Verhalten der Maschine, das statische und dynamische Verhalten von Maschinenstruktur, Antrieben und Steuerung, das thermo-elastische Verhalten sowie Drehzahl, Drehmoment, umsetzbare Leistung und Nebenzeiten. [BREC 17]

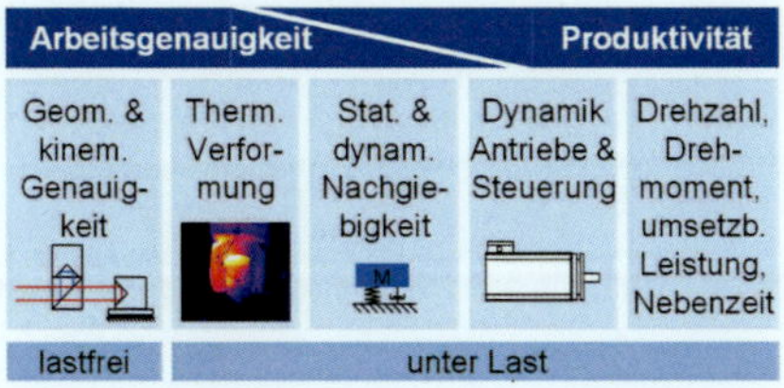


**Bild 2-1: Arbeitsgenauigkeit und Produktivität von Werkzeugmaschinen [BREC 17]**

*Machining precision and productivity of machine tools [BREC 17]*

Diese Arbeit fokussiert auf Fräsmaschinen. Dies gilt somit ebenfalls für den nachfolgenden Stand der Technik. Er zeigt die Entwicklungen in Forschung und Industrie, der für diese Arbeit wichtigen Felder, des geometrischen und thermo-elastischen Verhaltens von Werkzeugmaschinen auf. Unterkapitel 2.1 stellt die Grundlagen des geometrischen und kinematischen Verhaltens vor. Darauf aufbauend folgt ein Unterkapitel zur geometrischen Maschinenkalibrierung, siehe 2.2. Das thermo-elastische Verhalten von Werkzeugmaschinen wird mit Blick auf den Fokus dieser Arbeit in Unterkapitel 2.3 vertieft. Unterkapitel 2.4 stellt den für das Verständnis dieser Arbeit wichtigen Unscented Kalman Filter vor. Die Defizite im Stand der Technik werden in 2.5 zusammengefasst.

Zur Koordinatensystemdefinition und Nomenklatur der Maschinenfehler kommen in dieser Arbeit [ISO 841] und [ISO 230-1] zur Anwendung.

## 2.1 Geometrisches und kinematisches Verhalten von Werkzeugmaschinen

*Geometric and kinematic behavior of machine tools*

Das geometrische und kinematische Verhalten der Werkzeugmaschine beschreibt die Fehlausrichtung zwischen Werkzeug und Werkstück, die auf die Maschinenkinematik zurückzuführen sind. Die geometrischen Fehler gliedern sich in Komponenten- und Lageabweichungen. Die Komponentenfehler beschreiben die Differenz zwischen Soll- und Ist-Position der Maschinenachsen über ihren Verfahrbereich. Bild 2-2 zeigt diese Fehler jeweils für eine Linearachse (links) und eine Rotationsachse (rechts). Die Komponentenfehler einer Einzelachsen sind je drei translatorische (*EXX, EYX, EZX* bzw. *EXC, EYC, EZC*) und drei rotatorische Fehler (*EAX, EBX, ECX* bzw. *EAC, EBC, ECC*).

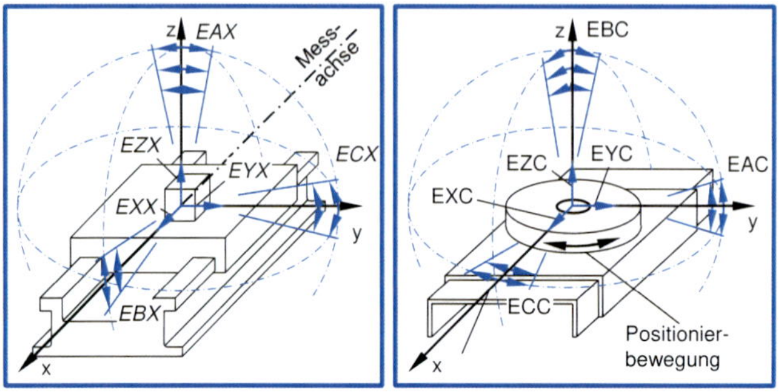


**Bild 2-2: Komponentenfehler Linearachse (links) und Rotationsachse (rechts) [BREC 17]; [ISO 230-1]**

*Component errors of linear axis (left) and rotary axis (right) [BREC 17]; [ISO 230-1]*

Lagefehler sind die Fehlausrichtungen der Maschinenachsen zueinander. Sie werden gemäß ISO 230-1 relativ zwischen den Ausgleichsgeraden der Geradheiten der beteiligten Achsen gemessen [ISO 230-1]. Sie sind nicht von den Positionen der Einzelachsen abhängig. Beispielhaft sind in Bild 2-3 (links) die Lagefehler einer seriellen 3-Achs-Kinematik dargestellt. Referenzachsen sind für das Bild die X- und die Y-Achse.

Jede Achse weist einen Lagefehler zu allen anderen Maschinenachsen auf. Durch entsprechende Nullpunktdefinition des Maschinenkoordinatensystems und die Eliminierung von Redundanzen lässt sich ihre Anzahl reduzieren, vertiefend sei hierzu auf den Annex A der ISO 230-1 verwiesen [ISO 230-1]. Für eine 3-Achs-Kinematik bzw. 5-Achs-Kinematik ergeben sich im Optimalfall als Summe von Komponenten- und Lagefehlern 21 bzw. mindestens 41 geometrische Maschinenfehler. [SCHW 08]; [ISO 230-1]

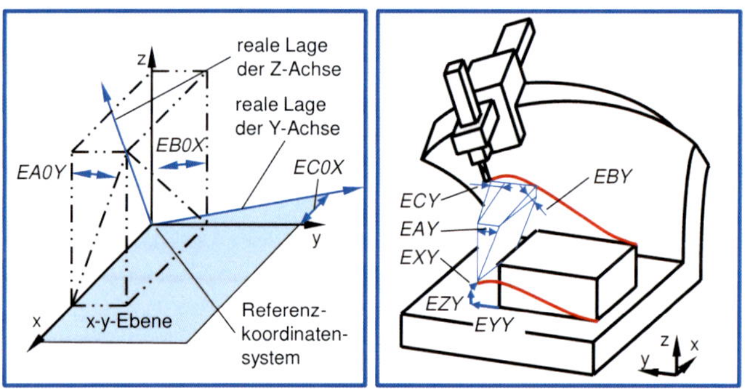


**Bild 2-3: Lagefehler einer seriellen 3-Achs-Kinematik (links) [BREC 17], volumetrischer Maschinenfehler am TCP (rechts) [ISO 230-1]**

*Orientation errors of a serial 3-axis-kinematic (left) [BREC 17], volumetric error at the TCP (right) [ISO 230-1]*

Die Superposition von Fehlern im Arbeitsraum führt zu einer Abhängigkeit der gemessenen Komponentenfehler von der Position der anderen Achsen, wenn Winkelfehler in diese

Superposition eingehen, Bild 2-3 (rechts). Daher müssen für die Vermessung geeignete Referenzlinien oder volumetrische Messmethoden, die eine Trennung der Maschinenfehler zulassen, verwendet werden. [ISO 230-1]; [SCHW 05]

Dabei berechnet sich die Superposition der Fehler an einem Punkt im Arbeitsraum einer linearen 3-Achs Kinematik als Summe der Fehler der Komponentenfehler der Linearachsen und der Lagefehler der Achsen gemäß Gl. (2-1) [BREC 17].

$$d_{3-Achs} = d_{komp\,x} + d_{komp\,y} + d_{komp\,z} + d_{lage} \tag{2-1}$$

Bezogen auf den Referenzpunkt $P_0$ unter Annahme eines Starrkörpermodells und einer Kleinwinkelnäherung werden die Komponentenfehler einer linearen X-Achse dabei nach Gl. (2-2) und die Lagefehler nach Gl. (2-3) bestimmt [BREC 17]. Die Fehler der anderen Linearachsen werden analog zu Gl. (2-2) bestimmt [BREC 17].

$$d_{komp\,x} = \begin{pmatrix} \Delta x_x \\ \Delta y_x \\ \Delta z_x \\ 1 \end{pmatrix} = \begin{pmatrix} 0 & -ECX & EBX & EXX \\ ECX & 0 & -EAX & EYX \\ -EBX & EAX & 0 & EZX \\ 0 & 0 & 0 & 1 \end{pmatrix} \begin{pmatrix} x \\ y \\ z \\ 1 \end{pmatrix} \tag{2-2}$$

$$d_{lage} = \begin{pmatrix} \Delta x_0 \\ \Delta y_0 \\ \Delta z_0 \\ 1 \end{pmatrix} = \begin{pmatrix} 0 & -ECX & EBX & 0 \\ 0 & 0 & -EAX & 0 \\ 0 & 0 & 0 & 0 \\ 0 & 0 & 0 & 1 \end{pmatrix} \begin{pmatrix} x \\ y \\ z \\ 1 \end{pmatrix} \tag{2-3}$$

Kinematische Fehler sind Abweichungen von mehreren Achsen, die sich in streng funktionaler Abhängigkeit voneinander bewegen [BREC 17], z. B. beim Gewindeschneiden auf einer Drehmaschine. Jede Abweichung der Verfahrbewegungen der beteiligten Dreh- und Linearachsen von ihrer funktionalen Abhängigkeit ist eine solche kinematische Abweichung. Die funktionale Abhängigkeit entspricht für dieses Beispiel der Gewindesteigung. Beispielhaft ist ein Aufbau zur Messung des Drehfehlers des Spindelstocks und des Vorschubfehlers der linearen Vorschubachse in Bild 2-4 dargestellt.

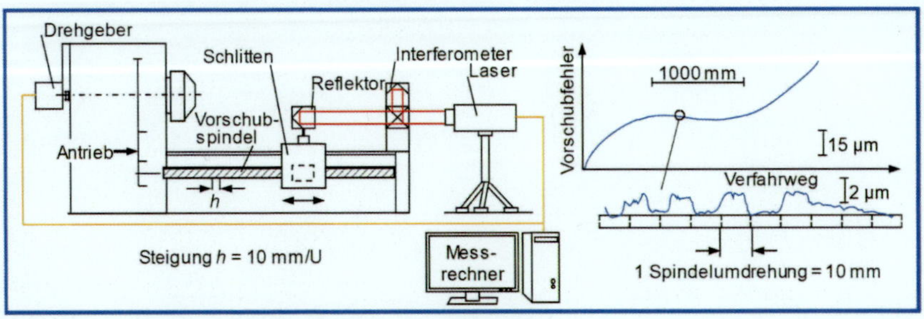


**Bild 2-4: Prinzip der Vorschubfehlermessung [BREC 17]**

*Setup of a feed error measurement [BREC 17]*

Die beschriebenen lastunabhängigen geometrischen und kinematischen Fehler des Bewegungsapparates sind auf Fehler der Montage, der Antriebs- und Steuerungstechnik sowie der verbauten Maschinenelemente zurückzuführen. Dabei verursacht der Verschleiß der mechanischen Komponenten eine Verhaltensänderung über die Lebensdauer. Zusätzlich haben die aufgeprägten Lasten einen Einfluss. Alle Einflussgrößen sind in Bild 2-5 dargestellt. [BREC 17]

**Bild 2-5: Einflussgrößen auf geometrische und kinematische Maschinenfehler [BREC 17]**

*Influences on the geometric and kinematic machine characteristics [BREC 17]*

## 2.2 Geometrische Kalibrierung von Werkzeugmaschinen

*Geometrical calibration of machine tools*

Die Kalibrierung führt die Anzeigewerte und Messunsicherheiten eines Messsystems auf ein nationales Referenznormal und dessen Unsicherheiten zurück [JCGM 12]. Die Kalibrierung von Werkzeugmaschinen umfasst die Kalibrierung der Messsysteme, die an der Positionierung im Arbeitsraum beteiligt sind, und die Kalibrierung der Baugruppenausrichtung. Es gibt dabei zwei gängige Motivationen für die Kalibrierung. Einerseits ist das Erfassen der aktuellen Genauigkeit zwecks Verbesserung durch mechanisches Richten und / oder steuerungstechnische Korrektur der Abweichungen eine Motivation. Die zwei / drei Schritte werden iterativ so lange wiederholt, bis das erfasste Verhalten für den Anwender akzeptabel ist. Andererseits ist die Abnahme vertraglich zugesicherter maximaler Fehler einer Neumaschine oder von Änderungsarbeiten ein großes Anwendungsfeld des Kalibrierens. Es existieren vielfältige Möglichkeiten das geometrische Maschinenverhalten zu erfassen (2.2.1). Für alle Messmethoden ist dabei die Messunsicherheit relevant (2.2.2). Die mögliche Korrektur der gemessenen geometrischen Fehler kann mittels der Steuerung erfolgen (2.2.3).

### 2.2.1 Messtechnische Erfassung der Maschinengeometrie

*Measurement of the machine geometry*

Dieser Absatz fasst den Inhalt der maßgeblichen Veröffentlichungen Sartori et al. [SART 95] und Schwenke et al. [SCHW 08] zusammen. Die geometrische Vermessung von Werkzeugmaschinen und Koordinatenmessgeräten (KMG) weist große Übereinstimmungen auf, da Fehler im Volumen des Messobjekts kalibriert werden. Die eingesetzten Methoden werden in direkte und indirekte Messungen unterschieden. Direkte Methoden messen einen oder mehrere Geometriefehler der Maschine, vgl. 2.1 und siehe Bild 2-6. Sie können dabei in die Untergruppen kalibriert normalbasierte, laserbasierte und schwerkraftbasierte direkte Messungen klassifiziert werden. Indirekte Methoden erfassen superpositionierte Fehler mehrerer bewegter Achsen und trennen diese mittels mathematischer Modelle. Dabei können sie in kalibrierte normalbasierte, unkalibrierte normalbasierte, selbstkalibrierende, konturbasierte, multilaterationsbasierte und Chase-the-Ball Methoden unterteilt werden.

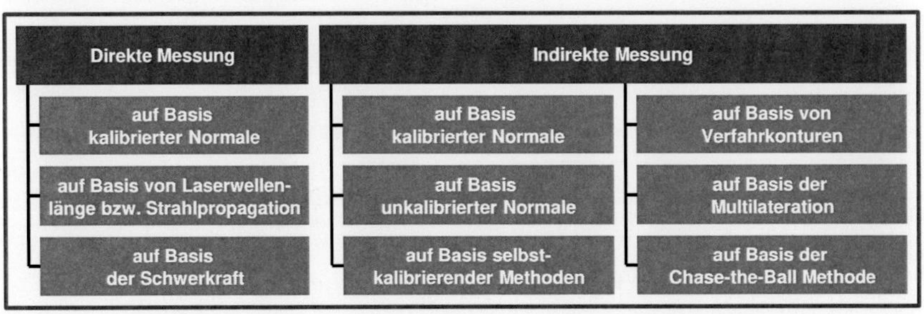


**Bild 2-6: Klassifizierung der Messmethoden zur Erfassung von Geometriefehler [SCHW 08]**

*Categorization of measurement methods for geometrical errors [SCHW 08]*

Laser finden heute vielfältige Anwendung in der Produktionstechnik, wobei sich die Anwendung in zwei Kategorien, Bearbeitungs- und Messaufgaben, gliedert [POPR 05]; [BÄUE 09]. Nachfolgend werden laserbasierte Messmittel betrachtet. Sie gliedern sich für die Messaufgaben im Kontext der Geometrie von Produktionsmaschinen in zwei Gruppen, interferometrische Messmittel und Messmittel auf Basis der Strahlpropagation.

### Direkte Messung der Maschinengeometrie auf Basis kalibrierter Normale

Kalibrierte Normale sind eingemessene Prüfkörper aus thermisch dehnungsarmen Materialien z. B. Invar, Zerodur (Glaskeramik) oder Granit. Ausgewählte Formelemente werden relativ zueinander mit einem hochgenauen Messgerät eingemessen. Anschließend wird ein vergleichbarer Messzyklus auf der Maschine durchgeführt, um diese Messung mit der Kalibriermessung zu vergleichen. Verbreitete kalibrierte Artefakte sind Kugelleisten und -platten, Kreuzgitter und Granitlineale, siehe Bild 2-7.

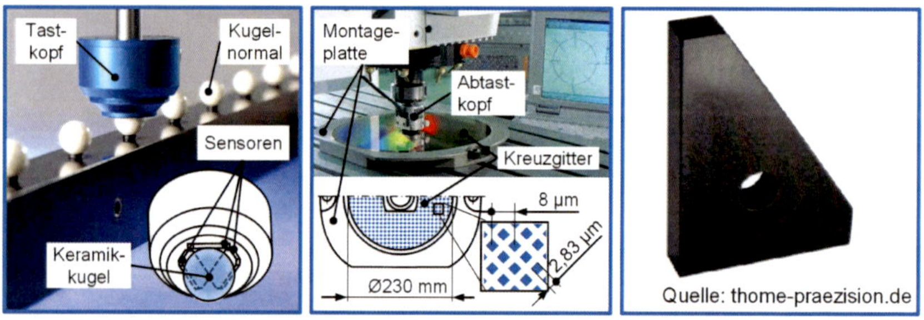


**Bild 2-7: Kugelleiste mit R-Test (links), Kreuzgitter (mittig) und Granitwinkel (rechts) [BREC 17]**

*Ball bar with R-Test (left), cross grid (center) and granite ruler (right) [BREC 17]*

### Exkurs Laser

Aufgrund der besonderen Bedeutung des Laser-Prinzips für die vorgelegte Arbeit, werden nachfolgend einige notwendige Grundlagen dargelegt.

Das von Einstein theoretisch beschriebene Prinzip des Lasers (englisch: light amplification by stimulated emission of radiation; deutsch: Verstärkung des Lichts durch stimulierte Emission von Strahlung) wurde 1960 erstmals von Maiman demonstriert [EINS 16]; [MAIM 60]. Dabei werden die Atome des laseraktiven Mediums durch Energiezufuhr angeregt. Wird nun das angeregte Teilchen durch ein Photon der auszustrahlenden Energie stimuliert, emittiert es ein zweites Photon identischer Energie, Phasenlage und Bewegungsrichtung. Im einfachsten Fall wird die Energie des emittierten Photons $E_p$ durch das plancksche Wirkungsquantum $h$ und seiner Lichtfrequenz $\nu$ bzw. dem Quotienten aus Lichtgeschwindigkeit $c$ und Wellenlänge $\lambda$ bestimmt, Formel (2-4). Fortan können beide Photonen andere angeregte Atome stimulieren, es kommt zu einer Kettenreaktion. Nur ein Teil der emittierten Photonen verlässt die Laserquelle als Lichtstrahl. [BÄUE 09]

$$E_P = h\nu = h\frac{c}{\lambda} \quad (2\text{-}4)$$

Der Aufbau der Laserquelle bestimmt die Eigenschaften des emittierten Lichts. Der emittierte Lichtstrahl liegt in einem sehr engen Frequenzband geringer Divergenz und großer Kohärenzlängen.

Gemäß dem Prinzip von Fermat wählt ein Lichtstrahl immer den Weg zu seinem Ziel, den er am schnellsten durchschreiten kann. Exakt gerade ist der Laserstrahl deshalb nur im Vakuum, da er in keiner Richtung durch Teilchen gebremst wird. Somit ist dort der geometrisch kürzeste Weg, auch der optisch schnellste Weg. Das Maß für die Geschwindigkeit eines Lichtstrahls in Medien $c_n$ ist der Brechungsindex $n$, der als Quotient der Lichtgeschwindigkeit im durchstrahlten Medium $c_n$ und der Lichtgeschwindigkeit im Vakuum $c_0$ gebildet wird, (2-5). Ein höherer Brechungsindex steht für eine stärkere Verlangsamung des Lichtstrahls. [TIPL 15]

$$n = \frac{c_0}{c_n} \quad (2\text{-}5)$$

Der Brechungsindex der Luft unterliegt lokalen Schwankungen, die Wellenlänge und Strahlverlauf beeinflussen. Die Schwankungen werden von der Lufttemperatur, dem Luftdruck, der relativen Luftfeuchtigkeit bzw. dem Wasserdampfpartialdruck und der chemischen Zusammensetzung der Luft beeinflusst. Den größten Einfluss für messtechnische Anwendungen an Werkzeugmaschinen hat dabei die Lufttemperatur. [EDLÉ 66]; [CIDD 96]; [CAST 08]; [JATZ 11]

Das Laser-Prinzip hat eine weite Verbreitung in Medizin, Verkehr, Kommunikation, Fertigungstechnik, Forschung, Konsumelektronik und vielen weiteren Anwendungsgebieten. [BÄUE 09]

**Direkte Messung der Maschinengeometrie auf Basis von Laserwellenlänge bzw. Strahlpropagation**

Die Referenz der interferometrischen Laser-Messmittel ist die stabilisierte Wellenlänge des Strahls. Dabei werden zwei Teilstrahlen unterschiedlicher Phasenlage überlagert, um aus ihrer Wechselwirkung, der Interferenz, Rückschlüsse zu ziehen. Michelson demonstrierte den ersten Aufbau dieser Messmittelkategorie. Der von ihm umgesetzte Aufbau zur Längenmessung ist in Bild 2-8 dargestellt. Der von der Laserquelle emittierte Strahl wird am halbdurchlässigen Spiegel $S_1$ in Teilstrahlen gleicher Intensität zerlegt. Ein Referenz-Teilstrahl wird am ortsfesten Spiegel $S_2$ reflektiert und in Richtung des Photodetektors umgelenkt. Der Spiegel $S_3$ reflektiert den anderen Teilstrahl ebenfalls und dieser Teilstrahl erreicht auch den Photodetektor. Die unterschiedlichen zurückgelegten Wegstrecken führen zu einer Phasenverschiebung der beiden Lichtwellen zueinander. Die beiden Strahlen interferieren in der Folge miteinander, was zu der dargestellten Schwankung der Intensität führt. Der Photodetektor erfasst die Intensitätsschwankung, siehe Bild 2-8. [BREC 17]

$$I = I_{max}\left[\cos\left(\frac{2\pi}{\lambda}x\right)\right]^2 \text{ mit } \Delta x = \lambda/2 \quad (2\text{-}6)$$

Die Periodenlänge $\Delta x$ entspricht dabei der halben Wellenlänge des Lasers. Die Verschiebung $x$ kann durch Bestimmen des Zählers der Intensitätsmaxima $n_s$ gemessen werden, (2-7). [BREC 17]

$$x = n_s\frac{\lambda}{2} \quad (2\text{-}7)$$

Im Kontext der geometrischen Vermessung von Produktionsmaschinen werden heute die weiterentwickelten Bauformen eingesetzt. [EICH 10]; [BREC 17]

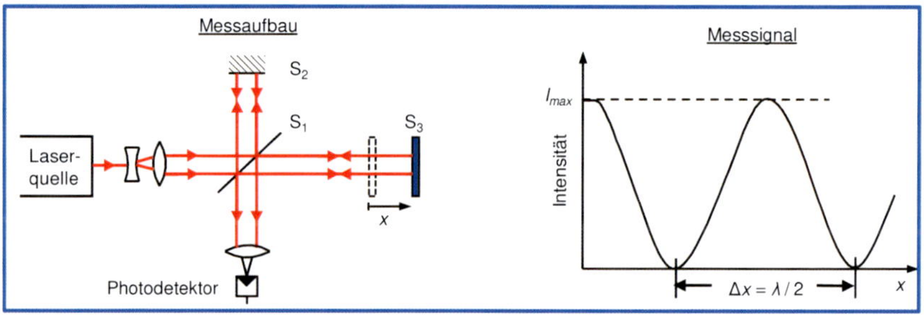


**Bild 2-8: Prinzip des Michelson Interferometers [BREC 17]**

*Principle of a Michelson interferometer [BREC 17]*

In Industrie und Forschung verbreitete Vertreter dieser Messmittelkategorie sind Einstrahlinterferometer und Mehrstrahlinterferometer. Einstrahlinterferometer zur Achsvermessung erfassen jeweils einen Geometriefehler, während Mehrstrahlinterferometer zur Achsvermessung bis zu sechs Geometriefehler gleichzeitig messen, siehe Bild 2-9 (links und mittig) [RAHN 13]; [RENI 17]. Darüber hinaus können aus Mehrstrahlinterferometern komplexere Strahlengänge in den Arbeitsraum integriert werden, die mehrere Fehler einer Kinematik erfassen, siehe Bild 2-9 (rechts).

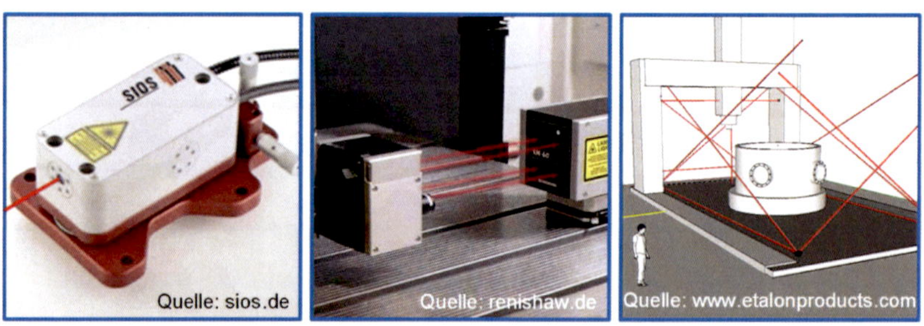


**Bild 2-9: Einstrahlinterferometer (links) und Mehrstrahlinterferometer (mittig, rechts)**

*Single beam interferometer (left) and multi beam interferometer (centre, right)*

Wie im Exkurs Laser (S. 8) dargelegt, beeinflusst das durchstrahlte Medium die Wellenlänge des Laserstrahls. Der Effekt wird für die Maschinenkalibrierung korrigiert. Zu diesem Zweck werden mit Umwelteinheiten die notwendigen Messgrößen der Umgebungsluft erfasst. So können dabei unter Laborbedingungen erweiterte Messunsicherheiten von bis zu ±1,8 µm auf einen Meter Messlänge erreicht werden. [EDLÉ 66]; [CIDD 96]; [CAST 08]

Ein relevanter Einfluss bei interferometrischen Messungen zur Erfassung geometrischer Fehler an Werkzeugmaschinen ist der Abbe-Fehler. So können Messungen auf zwei unterschiedlichen Messachsen infolge von Winkelfehlern unterschiedliche Ergebnisse liefern. Diese Konstellation tritt auf, wenn mit einer Messlinie im Arbeitsraum die Geometrie außerhalb des Arbeitsraums angeordneten Maschinenachse gemessen wird, siehe Bild 2-10. Das Produkt aus Abbe'schem Abstand $a$ und dem ursächlichen Winkelfehler $\beta$ ergeben den Abbefehler $\Delta s$. [BREC 17]

$$\Delta s = a \cdot \beta \tag{2-8}$$

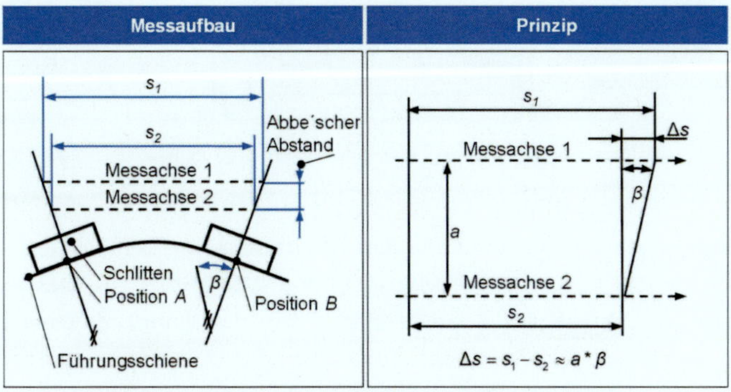


**Bild 2-10: Abbe Fehler bei der Vermessung von Maschinenachsen [BREC 17]**

*Abbe error of machine axis measurement [BREC 17]*

Die Messmittel auf Basis der Strahlpropagation nutzen die gerade räumliche Ausdehnung des Laserstrahls respektive die großen Kohärenzlängen als Referenz. Das gängigste Messmittel auf Basis der Strahlpropagation ist die positionssensitive Diode (PSD), die ähnlichen Detektoren aufgrund besserer Dynamik und geringerem elektronischen Aufwand überlegen ist [RAHN 13]. In dem auf ihrer Oberseite aufgebrachten Widerstandsbelag wird einfallendes Licht durch den photoelektrischen Effekt in einen Photostrom umgewandelt, der zu den Elektroden am Rand abfließt. Für die in Bild 2-11 (links) dargestellte eindimensionale (1D) PSD ergibt sich die Schwerpunktposition des auftreffenden Lichtstrahls $X$ aus den wirksamen Hebeln gemäß Gl. (2-9). [BREC 17]

$$X = \frac{L}{2}\left(1 - \frac{l_1 - l_2}{l_1 + l_2}\right) \tag{2-9}$$

Dabei weist die PSD in der Mitte einen Bereich auf, für den die lineare Annahme gültig ist. Die Streuung und Größe des Lichtpunktes sind im linearen Bereich der PSD für eine gute Positionsbestimmung unerheblich, da der Lichtschwerpunkt das Verhältnis der Teilströme bestimmt. Die Messunsicherheit der laserbasierten Methoden ist unter den Bedingungen in realen Produktionsumgebungen stark von der Länge des Referenzstrahls abhängig. Dabei weicht nach wenigen Metern der Messstrahl so weit von der ideal geraden Strahlführung ab, dass eine Maschinenkalibrierung nicht mehr sinnvoll ist. [RENI 18]; [JATZ 11]

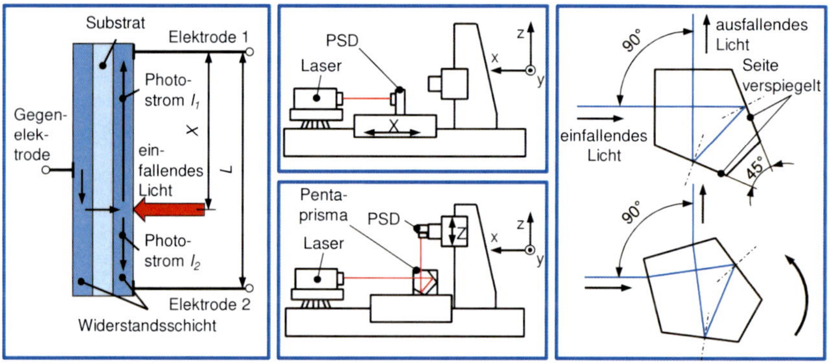


**Bild 2-11:** **Funktionsweise 1D-PSD (links), Messaufbauten (mittig), Pentaprisma (rechts) [BREC 17]**

*Functionality 1D-PSD (left), measurement setups (center), pentaprism (right) [BREC 17]*

Die PSD eignen sich besonders für die direkte Erfassung der Geradheiten und daraus abgeleiteten Größen z. B. Rechtwinkligkeiten, Bild 2-11 (mittig). In Messgeräten zur Maschinenkalibrierung kommen zweidimensionale PSD zum Einsatz, da diese beide zum Laserstrahl orthogonale Geradheiten erfassen können. Dabei kommt im unteren Setup ein Pentaprisma zum Einsatz, damit auch Rechtwinkligkeiten erfasst werden können. Der geometrische Aufbau des Pentaprismas ist in Bild 2-11 (rechts) dargestellt. Die verspiegelten Flächen sind symmetrisch zur Winkelhalbierenden der Ein- und Austrittsfläche angeordnet. Dadurch sind auch bei einem Verdrehen des Prismas in der Bildebene, der ein- und ausfallende Strahl immer orthogonal zueinander.

Die früheste bekannte Arbeit zur Maschinenkalibrierung per PSD stammt von Schüssler aus dem Jahr 1971, der viele Grundlagenmessungen zu den Eigenschaften des Lasers und der PSD durchführte [SCHÜ 71]. Trapet thematisiert 1982 Maßnahmen zur Verringerung der Messunsicherheit aufseiten der Laserquelle und der PSD [TRAP 82]. Die Ergebnisse von Rahneberg aus dem Jahr 2013 behandeln die Integration von PSD in ein System zur parallelen Erfassung von Geometriefehlern in mehreren Freiheitsgraden [RAHN 13]. Die PSD erfassen dabei die Geradheiten.

### Direkte Messung der Maschinengeometrie auf Basis der Schwerkraft

Diese direkte Messmethode nutzt die lokale Richtung des Gravitationsfelds der Erde als Referenz. Das gängigste Messmittel dieser Klasse im Maschinen- und Anlagenbau ist die elektronische Neigungswaage, Bild 2-12 (links). Das dargestellte Exemplar kann mit den links und unten angebrachten Referenzflächen an zu prüfende Funktionsflächen einer Anlage angelegt werden. Der gegenphasig gespeiste, pendelnd gelagerte Differentialkondensator im Innern liefert eine Ausgangsspannung $U_A(\varphi)$. Sie ist zum Winkel $\varphi$ der Referenzfläche des durch die Gravitation ausgelenkten Pendels proportional. Größere Flächen, wie z. B. Führungsbahnen an Maschinenbetten, können so punktweise vermessen und relativ zueinander gerichtet werden. Der Aufbau der Neigungswaage ist schematisch in Bild 2-12 (rechts) dargestellt. Dabei werden Messunsicherheiten von 5 µm/m und Wiederholgenauigkeiten von 1 µm/m erreicht [HAHN 19].

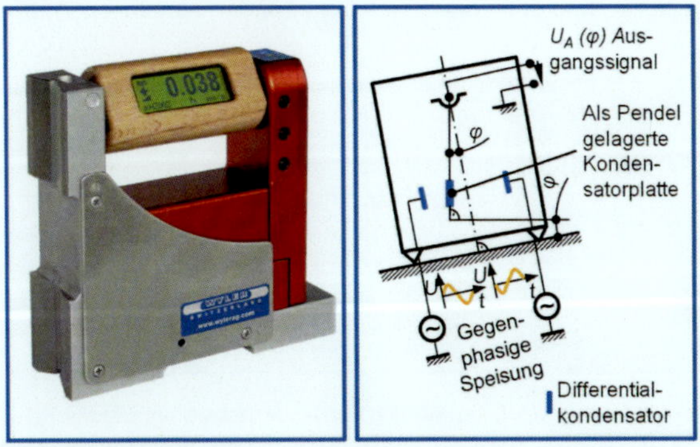


**Bild 2-12:** **Neigungswaage (links) und Funktionsskizze der Neigungswaage (rechts) [BREC 17]**

*Inclination balance (left) and functionality sketch (right) [BREC 17]*

### Indirekte Messung der Maschinengeometrie

Indirekte Messmethoden zeichnen sich dadurch aus, dass die Maschine Bewegungen mehrerer Achsen während des Messverfahrens durchführt. Die superponierten geometrischen Abweichungen der Maschine werden gemessen und nachträglich modellbasiert getrennt [SCHW 08].

Die Verfahren gliedern sich in kalibrierte artefaktbasiert, unkalibrierte artefaktbasierte, selbstkalibrierende, konturbasierte, multilaterationsbasierte und Chase-the-Ball Methoden. Dabei kommen vielfach Messmittel zum Einsatz, die auch für die direkte Messung Verwendung finden. Nachfolgend werden ausgewählte Beispiele aufgeführt, die besonders verbreitet im Bereich Werkzeugmaschinen sind.

Über die genannten Beispiele hinaus gibt es eine Vielzahl an weiteren indirekten Methoden, vertiefend wird auf [SCHW 08] verwiesen.

### Indirekte Messung der Maschinengeometrie auf Basis von Verfahrkonturen

Ein gängiges Verfahren zur Erfassung der Rechtwinkligkeit von Werkzeugmaschinen (WZM) ist der Kreisformtest. Er liefert außerdem viele weitere Information über das geometrische und kinematische Verhalten der Maschine. In den nachfolgenden Ausführungen steht jedoch die

Messung des o. g. Parameters im Fokus. Zur Durchführung des in der ISO 230-4 genormten Tests fährt die Maschine in einer von zwei Achsen aufgespannten Ebene eine Kreisbahn ab. Es existieren darüber hinaus Ansätze durch das Abfahren einer hemisphärischen Helix Fehler in allen Achsrichtungen zu erfassen. [ISO 230-4]; [YANG 04]

Dabei wird die Abweichung der Maschine von der Soll-Kreisbahn z. B. mit einer Double Ball Bar erfasst, Bild 2-13 (links). Sie ist ein Verlagerungssensor, dessen Endpunkte drehbar gelagert sind. Der Ergebnisplot weist abhängig von vorhandenen Maschinenfehlern charakteristische Formen auf, wobei manche Fehler eine Abhängigkeit von der Drehrichtung aufweisen. In Bild 2-13 (mittig und rechts) sind beispielhaft die Ausprägung der Messergebnisse für einen Rechtwinkligkeitsfehler und fehlerhafte $K_v$-Faktoren der beteiligten Antriebe dargestellt. [BREC 17]; [ISO 230-4]

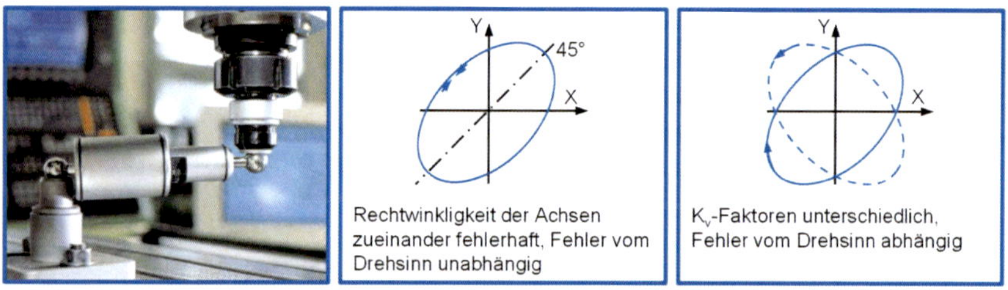


**Bild 2-13:** **Double Ball Bar (links), Rechtwinkligkeitsfehler im Kreisformtest (mittig) und fehlerhafte $K_v$-Faktoren im Kreisformtest (rechts) [BREC 17]**

*Double ball bar (left), squareness error (center) and erroneous $K_v$-factors of circular measurements (right) [BREC 17]*

### Indirekte Messung der Maschinengeometrie auf Basis der Multilateration

Der Lasertracer beinhaltet ein Laserinterferometer, das beweglich gelagert ist, siehe Bild 2-14 (links). Die Messlänge liegt zwischen einem stabilen optischen Zentrum in Form einer Präzisionskugel und einem am Tool Center Point (TCP) montierten Reflektor (nicht dargestellt). Die Kugel ist dabei auf einem thermo-stabilen Stab gelagert, sodass ihre Position zur Tischebene stabil ist. [HUGH 98]; [HUGH 00]; [SCHW 05].

Von mindestens vier Messpositionen aus wird ein Punktegitter im Arbeitsraum nacheinander oder mit mehreren Geräten gleichzeitig vermessen. Die sequenzielle Multilateration lässt die eindeutige Bestimmung der Abweichungen im Raum zu. Ein Beispiel für die Multilateration in der Ebene ist in Bild 2-14 (rechts) dargestellt. Dabei wird ein Messpunkt in der Ebene durch drei Messpositionen eindeutig bestimmt. Die Abweichungsvektoren können dann mittels einer kinematischen Rückwärtstransformation den geometrischen Maschinenfehlern zugeordnet werden. [SCHW 02]; [SCHW 05]

### Indirekte Messung der Maschinengeometrie auf Basis der Chase-the-Ball Methode

Der Messaufbau besteht aus dem R-Test und einer oder mehreren hochpräzisen Testkugeln, siehe Bild 2-15. Das Messgerät liefert für angetastete Kugeln Messwerte in allen drei Raumrichtungen.

Im Rahmen eines Chase-the-Ball Tests, der auf 5-Achs-Maschinen beschränkt ist, führen mehrere Achsen tisch- und spindelseitige Bewegungen parallel aus. Die Sollpfade der parallelen kinematischen Ketten sind identisch, siehe Bild 2-15. Aus der relativen Abweichung der Bewegungen zueinander werden Rückschlüsse auf vorhandene geometrische Maschinenfehler gezogen. [BRIN 06]; [BREC 17a]; [MORF 02]

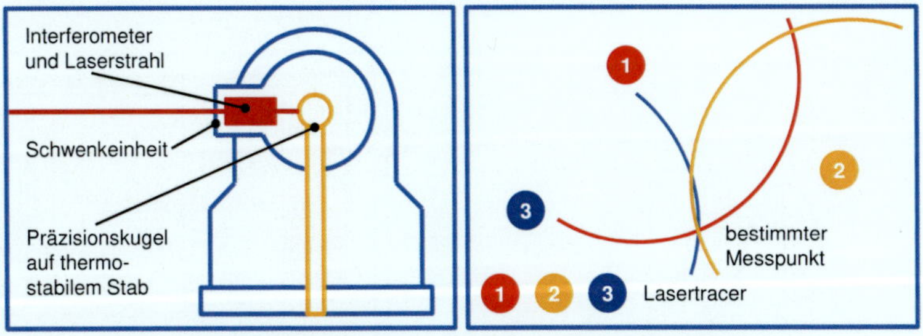


**Bild 2-14:** **Aufbau eines Lasertracers (links) und Multilateration in der Ebene (rechts)**

*Setup of the lasertracer (left) and multilateration in a plane (right)*

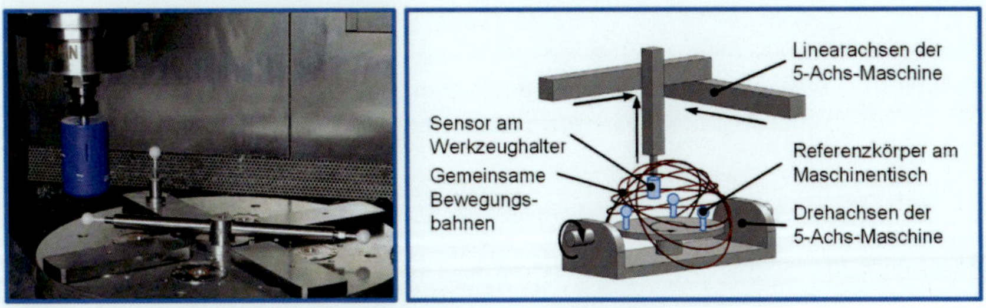


**Bild 2-15:** **Messaufbau mit R-Test und mehreren Kugeln (links) und Bewegungspfade der parallelen kinematischen Ketten (rechts) [BREC 17a]**

Measurement setup with R-Test and several spheres (left) and movement paths of the parallel kinematic chains (right) [BREC 17a]

### Messstrategie und Auswertung für Geometriemessung

Produktionsmaschinen stellen Systeme hoher Komplexität dar. Die Anzahl der möglichen Einflussgrößen auf eine Geometriemessung ist daher sehr groß, z. B. thermo-elastischer Zustand der Maschine, Messstrategie, Schmierzustand des Kugelgewindetriebs, etc. Da nicht alle diese Größen parallel zur Geometrieerfassung gemessen werden, wird ihr Einfluss bei wiederholten Versuchen statistisch beschrieben. Gemäß der ISO 230-2:2014 werden je fünf Einzelmessungen aus verschiedenen Anfahrrichtungen vorgegeben, siehe Bild 2-16 (links).

Die Mittelwerte $\overline{x_i} \uparrow$, $\overline{x_i} \downarrow$ und $\overline{x_i}$ stellen dabei die systematischen Anteile der Fehler dar. Sie können korrigiert werden. Allein darauf aufbauende Größen können auch korrigiert werden (Umkehrspanne $B_i$, zweiseitige systematische Positionsabweichung der Achse $E$), siehe Bild 2-16 (rechts). Die Schätzwerte der Wiederholpräzisionen $s_i \uparrow$ und $s_i \downarrow$ sind unsystematischer Natur und können nicht korrigiert werden. Dies gilt auch für ihren Anteil an der zweiseitigen Wiederholpräzision des Messpunkts $R_i$ und der zweiseitigen Positioniergenauigkeit $A$.

Zur Auswertung und Darstellung geometrischer Vermessungen von Werkzeugmaschinen steht international eine Vielzahl an Normen zur Verfügung. Für den deutschsprachigen Raum sind die ISO 230-2:2014, die VDI 3441:1977 und die VDI 2617:1989 relevant. Im Rahmen dieser Arbeit findet nur die ISO 230-2:2014 Anwendung.

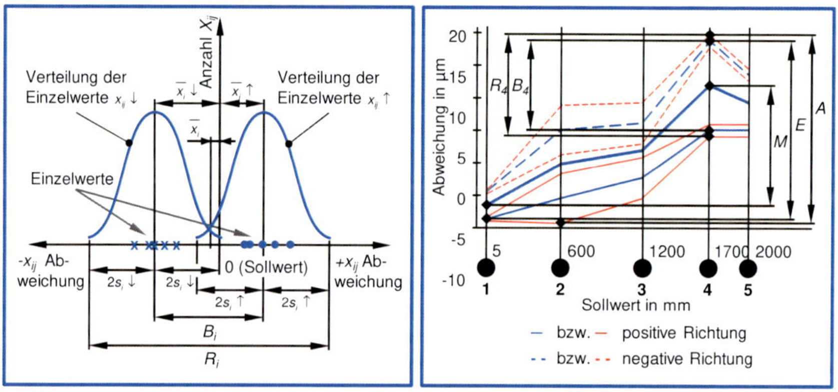


**Bild 2-16:** **Normalverteilte Messwerte für beide Anfahrrichtungen (links) und Plot der Positioniergenauigkeit gemäß ISO 230-2 (rechts) [BREC 17]; [ISO 230-2]**

*Standard distribution of measurement values (left) and plot of the positioning accuracy referring to ISO 230-2 (right) [BREC 17]; [ISO 230-2]*

### 2.2.2 Unsicherheit bei der Messwerterfassung

*Uncertainties during measurements*

Vielfältige Größen beeinflussen jedes Messergebnis. Der gemessene Wert weicht in der Folge vom wahren Wert der Messgröße ab. Die zu berücksichtigenden Einflussgrößen können nach Pfeiffer in die ‚5M' der Messtechnik eingeordnet werden, siehe Bild 2-17 [PFEI 10]. Die Faktoren der Kategorien Mensch, Messobjekt, Methode, Mitwelt und Messsystem fließen in jedes Messergebnis ein. Die Abweichung vom wahren Wert wird durch die Messunsicherheit beschrieben.

Die von der Messmethode abhängige Messunsicherheit beschreibt ein Vertrauensintervall in dem sich der wahre Wert der Messgröße mit großer Wahrscheinlichkeit befindet [DIN 95]; [JCGM 12]. Zur Beschreibung der Unsicherheit sind 95% einer Normalverteilung am gebräuchlichsten [HERN 96].

Der Unsicherheitswert wird aus den systematischen und zufälligen Fehleranteilen aufsummiert, siehe Bild 2-18. Bekannte systematische Abweichungen können korrigiert werden, z. B. die lineare thermo-elastischen Dehnungen von Messobjekten.

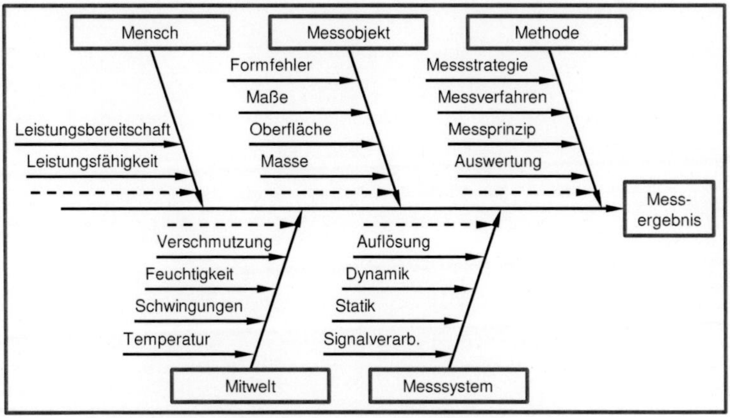


**Bild 2-17: Ursache-Wirkungs-Diagramm der Fertigungsmesstechnik [PFEI 10]**

*Cause-effect diagram of production technology [PFEI 10]*

Der ISO/BIPM-Leitfaden ‚Guide to the Expression of Uncertainty in Measurement (GUM)' bietet Möglichkeiten, die benötigte Unsicherheit des Messprozesses für direkte und indirekte Messmethoden zu bestimmen. [HERN 96]; [JCGM 08a]

Die Unsicherheit ist ein wichtiges Kriterium zur Eignungsbeurteilung eines Messprozesses. Mit der VDA 5 bzw. der ISO 22514-7 stehen Methoden zur Verfügung, um die Eignung nachzuweisen. Damit wird die Verbindung zwischen Messmethode und dem zu messenden Merkmal, z. B. einer Bauteiltoleranz, hergestellt. [ISO 22514-7]; [VDA 11]; [DIET 14]

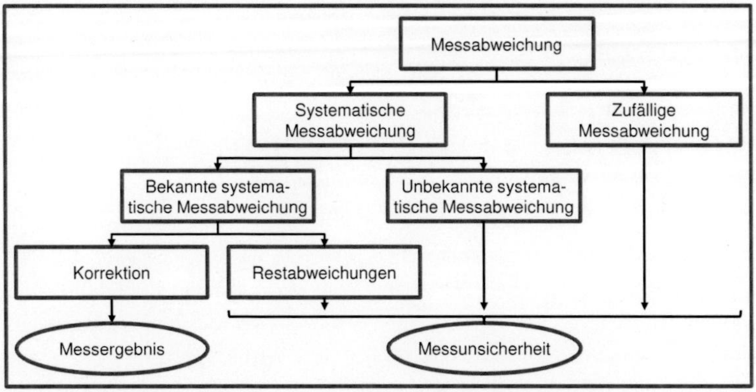


**Bild 2-18: Systematische und zufällige Anteile der Messabweichungen [HERN 96]**

*Systematic and random ratios of measurement deviations [HERN 96]*

Für die geometrische Vermessung von Werkzeugmaschinen sind die erreichbaren Werte der Messunsicherheit stark abhängig von den Achslängen und den Umgebungsbedingungen. Eine Vermessung unter den Bedingungen einer realen Produktionshalle erreicht niemals die (geringen) Unsicherheiten einer Messung unter Laborbedingungen.

Die Abhängigkeit von den Umgebungsbedingungen gilt insbesondere für laserbasierte Verfahren. Zur Einordnung sind in der nachfolgenden Tabelle die längenbezogenen resultierenden Unsicherheitswerte interferometrischer Distanzmessungen sowie die ursächliche Einflussgröße und deren Unsicherheit aufgeführt.

**Tabelle 2-1: Sensitivität interferometrischer Laserdistanzmessungen bezüglich der Umgebungsbedingungen [SCHW 08]**

*Sensitivity of interferometric laser distance measurements to environmental parameters [SCHW 08]*

| Einflussgröße | Unsicherheit der Einflussgröße | resultierende Unsicherheit |
|---|---:|---:|
| Lufttemperatur | 1°C | 1 µm/m |
| Luftdruck | 1 hPA | 0,3 µm/m |
| Relative Luftfeuchte | 10% | 0,1 µm/m |
| $CO_2$-Gehalt | 100 ppm | 0,014 µm/m |

### 2.2.3 Steuerungstechnische Korrektur geometrischer Fehler an Werkzeugmaschinen

*Geometrical error correction via machine tool's control*

Gemessene geometrische Fehler einer Werkzeugmaschine können mithilfe der Steuerung korrigiert werden. Die Steuerung summiert den Sollwert mit einem aus den gemessenen Stützstellen interpolierten Korrekturwert in der hinterlegten kinematischen Transformation, siehe Bild 2-19 (links).

Einschränkungen bestehen hierbei seitens der Maschinenkinematik, falls diese keine Bewegungsachse in Wirkrichtung des Fehlers aufweist. Beispielweise kann eine 3-Achs-Maschine mit linearer Kinematik Winkelfehler des Werkzeugs nicht ausgleichen, sondern nur die verursachte lineare Verschiebung des TCP, siehe Bild 2-19 (rechts oben). Die volle Korrektur der relevanten Abweichungen von Fräsmaschinen ist erst mit drei Linear- und zwei Drehachsen möglich, siehe Bild 2-19 (rechts unten).

Die Korrektur der konstanten geometrischen Fehler ist die Grundlage für die transiente Korrektur der thermo-elastischen Fehler von Werkzeugmaschinen [GROß 06]. Die erste bekannte Beschreibung der zugrundeliegenden Verzerrung des Maschinenkoordinatensystem legten Okushima und Kakino 1975 vor [OKUS 75]. Brüstle setzt das beschriebene Konzept 1983 an einer Funkenerosionsmaschine um [BRÜS 85].

Moderne Steuerungen von Werkzeugmaschinen verfügen über Korrekturfunktionen zum Ausgleich der geometrischen Fehler. Dabei kann zwischen den drei Klassen

Spindelsteigungsfehlerkorrektur, Kreuzfehlerkorrektur und volumetrische Korrektur unterschieden werden. Alle Klassen schalten in der Steuerung hinterlegte Korrekturwerte auf die Sollwerte der Kinematik auf. Die Spindelsteigungsfehlerkorrektur enthält nur Korrekturwerte der Einzelachsen in ihre Vorschubrichtung. Für die Kreuzfehlerkorrektur wird eine Achse auf Basis der Position einer zweiten Achse korrigiert, z. B. für ein durchhängendes Portal. Die volumetrische Kompensation erlaubt die poseabhängige Korrektur aller geometrischen Fehler sowie die Korrektur der Werkzeugfehlausrichtung. [KIEF 17]

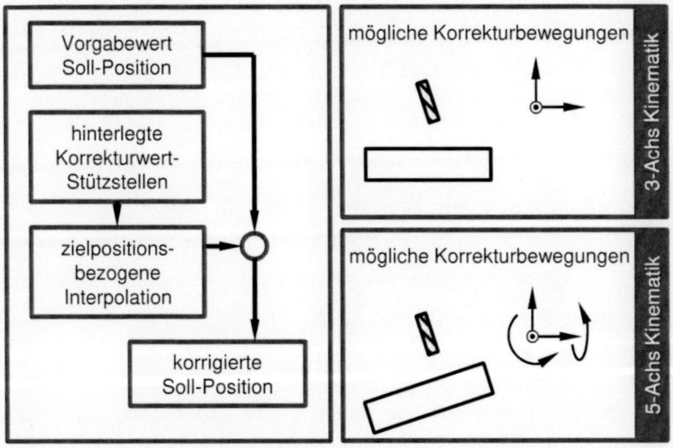


**Bild 2-19:** **Prinzip der steuerungstechnischen Korrektur von Geometriefehlern (links) und Korrektur Werkzeugfehlausrichtung (rechts)**

*Principle of the control based correction (left) and correction of the tool's misalignment (right)*

## 2.3 Thermo-elastisches Verhalten von Werkzeugmaschinen

*Thermo-elastic behavior of machine tools*

Das thermo-elastische Verhalten von Werkzeugmaschinen ist eng verwandt mit dem geometrischen Verhalten von Werkzeugmaschinen (2.1). Es stellt die transiente Komponente der Maschinengeometrie dar. Aufgrund der großen Anzahl der existierenden Veröffentlichungen fokussiert dieses Unterkapitel die für diese Arbeit relevanten Themenfelder maschinen-integrierter Messverfahren und lernender Modelle für das thermo-elastische Verhalten. Weitergehend wird auf die maßgeblichen Keynote-Veröffentlichungen von Bryan [BRYA 68]; [BRYA 90], Weck [WECK 95] und Mayr [MAYR 12] verwiesen.

Das Unterkapitel gliedert sich dabei in die Grundlagen (2.3.1), die messtechnische Erfassung der beschriebenen Effekte (2.3.2) sowie ihre modellbasierte Abbildung zwecks Korrektur (2.3.3) als Maßnahme zur Verbesserung des Verhaltens. Die Verwendung des Begriffs Korrektur ist in der Literatur nicht immer trennscharf. Im Kontext dieser Arbeit bezeichnet sie der Wirkungskette parallelgeschaltete Kombinationen aus Messung und / oder Modellierung, um den thermo-elastischen Fehler zu bestimmen und steuerungstechnisch auszugleichen.

### 2.3.1 Grundlagen des thermo-elastischen Verhaltens von Werkzeugmaschinen

*Basic principles of the thermal behaviour of machine tools*

Die Wärmetechnik kennt drei Wärmeübertragungsmechanismen: Die Konduktion bzw. Wärmeleitung, die Konvektion und die Wärmestrahlung. Advektion bzw. Wärmeleitung ist dabei der Wärmetransport in Feststoffen. Konvektion bezeichnet den Wärmetransport in Fluiden (Flüssigkeiten bzw. Gasen). Wärmestrahlung bezeichnet den Wärmetransport durch elektromagnetische Strahlung. Diese Mechanismen ändern durch Wärmeübertragung die innere Energie eines Systems. Darüber hinaus ist der Wärmetransport durch Stofftransport eine weitere Option die innere Energie eines Systems zu verändern. [VDI 13]

Das thermische Verhalten von Werkzeugmaschinen umfasst die Veränderungen der Maschinenstruktur und –komponenten infolge ihres instationären thermischen Zustands. Es stellt dabei die zeitvariante Komponente der Maschinengeometrie dar, vgl. 2.1. Die wärmetechnischen Ursachen werden nachfolgend entlang der thermo-energetischen Wirkungskette erläutert, siehe Bild 2-20.

Ursächlich für den thermischen Zustand der Maschine sind innere und äußere Wärmequellen und -senken. Die inneren Wärmequellen und -senken umfassen die thermischen Leistungsverluste der Antriebe, die Wärmeabgabe von Leitungen druckbehafteter Medien, die reibungsbehafteten Maschinenelemente der Kinematik, Abwärme aus dem Fertigungsprozess und den Einfluss von Kühlschmierstoff. Äußere Wärmequellen und -senken sind die Umgebungsluft, benachbarte Maschinen und Anlagen sowie Sonneneinstrahlung.

Die genannten Ursachen führen zu transienten Wärmeströmen in den Strukturbauteilen der Maschine, was in der Ausbildung eines Temperaturfelds resultiert. Dieses Temperaturfeld führt, bedingt durch die thermische Dehnung der Bauteile, zu einem Verlagerungsfeld. Aus diesem resultiert eine Abweichung des TCP von seiner Sollposition und -orientierung. Bis zu 75% der geometrischen Abweichungen am Bauteil sind auf temperatur-induzierte Effekte zurückzuführen [MAYR 12].

**Bild 2-20: Die thermo-energetische Wirkungskette [BRYA 90]**

*The thermo-energetic functional chain [BRYA 90]*

### 2.3.2 Messung des thermo-elastischen Verhaltens von Werkzeugmaschinen

*Measurement of the thermo-elastic behaviour of machine tools*

Nachfolgend werden Arbeiten für verschiedene Ansätze zu direkten und indirekten, maschinen-integrierten Messverfahren zur Erfassung des thermo-elastischen Verhaltens respektive der TCP-Verlagerung von Fräsmaschinen vorgestellt. Direkte Messungen thermo-elastischer Fehler erfassen Verlagerungen. Messgrößen zur indirekten Erfassung des thermo-elastischen Verhaltens von WZM lassen sich an allen Gliedern der thermo-energetischen Wirkungskette abgreifen, Bild 2-21. Auf Basis der erfassten Größen sagt bei beiden Varianten ein Modell die Abweichung des TCP von seiner Sollposition vorher.

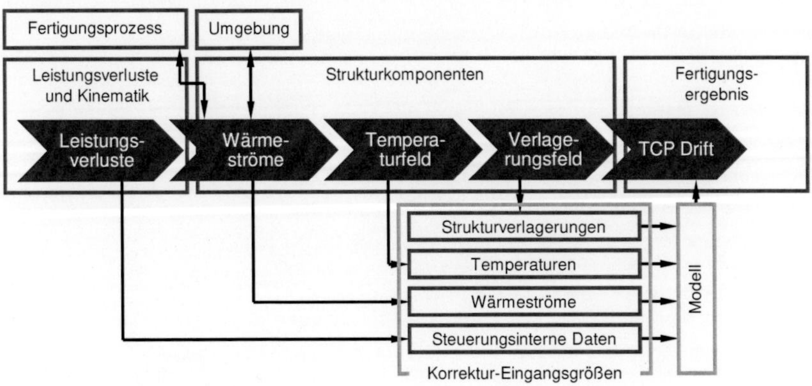


**Bild 2-21: Mögliche Messgrößen entlang der thermo-energetischen Wirkungskette, angelehnt [BREC 14]**

*Possible measurands along the thermo-energetic functional chain, leant on [BREC 14]*

Maschinen-integriert meint hierbei, dass eine Bearbeitung von Werkstücken im Arbeitsraum durch den Einsatz des Messverfahrens nicht verhindert wird, weil beispielsweise der

Messaufbau den dafür benötigten Raum blockiert. Eine Maschinenintegration der Messmethode ist unter Gesichtspunkten der Produktivität der Maschine von besonderer Relevanz. In den vergangenen Jahren sind zunehmend Forschungsarbeiten zu solchen Messmethoden erschienen. Diese Ansätze senken den Aufwand zur Einrichtung einer Messung und können daher zwischen oder während Bearbeitungsschritten automatisiert genutzt werden, um die auftretenden Fehler zu überwachen bzw. zu berücksichtigen. Sie stellen damit eine Erweiterung des Funktionsumfangs der Werkzeugmaschine über eine reine Kalibrierung in festen Zeitintervallen dar. Nicht alle vorgestellten Ansätze sind bereits vollständig in eine Maschine integriert. Sie erfüllen jedoch wenigstens die Voraussetzung, dass sie nicht den gesamten Arbeitsraum dauerhaft blockieren. Dadurch ist weiterhin die Platzierung und Bearbeitung eines Werkstücks möglich.

**Direkte Verfahren zur Messung der thermo-elastischen TCP-Verlagerung**

Direkte Verfahren zur Erfassung der thermo-elastischen TCP-Verlagerung sind zwangsläufig relative Verlagerungsmessungen der TCP-Position. Verschiedene Verfahren greifen zur Bestimmung von Korrekturwerten zusätzlich auf indirekte Methoden zur Bestimmung der Achsfehler zurück. Dies ist jedoch teilweise durch die vorhandenen Korrekturschnittstellen der Steuerungen bedingt, die achsfehlerbezogene Eingangsgrößen benötigen.

Die ISO 230-3 normt dabei verschiedene Testverfahren und stellt exemplarisch geeignete Messverfahren vor. Bild 2-22 zeigt dabei eine Variante mit einem speziellen Sensorträger und eine Variante, die den Maschinenmesstaster nutzt. Beide Verfahren erfassen dabei die relative Verlagerung des in der Spindel geführten Messsystems zum jeweiligen Artefakt (Target) auf dem Tisch. Das mittlere Target ist dabei optional. Genormt sind diese Aufbauten für Versuche zur thermo-elastischen Verlagerung infolge von Achsbewegungen. [ISO 230-3]

Die Messaufbauten sind auch für andere Versuche nutzbar. Hier ist auch eine Vollintegration der Artefakte (Targets) in den Arbeitsraum einer Maschine denkbar. Die Eignung muss im Einzelfall beurteilt werden. Für die Messaufbauten sind Maßnahmen zu ergreifen, um eine thermo-elastische Dehnung des Aufbaus von einer Dehnung der Maschine zu trennen, z. B. Artefakte aus Werkstoffen mit geringer thermo-elastischer Dehnung oder eine Korrektur dieser Dehnung auf Basis von Temperaturmessungen [SCHW 08].

Messmethoden, die im Arbeitsraum platzierte Artefakte nutzen, um das thermo-elastische Verhalten zu bestimmen, werden bereits seit Jahrzehnten erforscht. Die nachstehenden Messverfahren ergänzen die in Abschnitt 2.2.1 vorgestellten Messmethoden.

Nastmann stellt 1992 ein Messverfahren zur automatischen Erfassung thermo-elastischer Fehler mithilfe eines prismatischen Prüfnormals vor. Dabei wird ein prismatischer Aufbau mit dem Maschinenmesstaster angetastet, siehe Bild 2-23 (links). Das Normal ist aus Invar gefertigt, um keine relevante thermo-elastische Dehnung aufzuweisen. Die gemessene Verlagerung wird in der Folge komplett der Maschine zugeschlagen. [NEST 92]

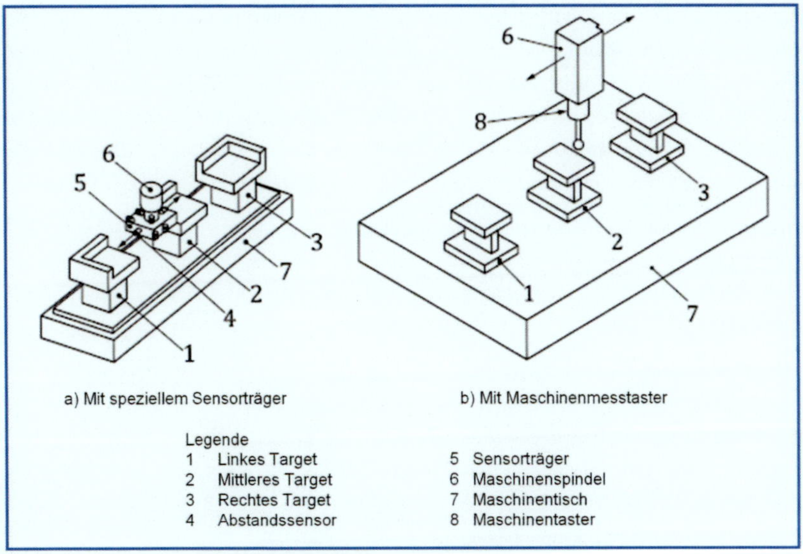


**Bild 2-22:** **Auswahl direkter Messmethoden der ISO 230-3 [ISO 230-3]**

*Selection of direct measurement methods of ISO 230-3 [ISO 230-3]*

In weitergehenden Arbeiten verwenden Kim und Chung prismatische Stabnormale aus Invar, die mit dem Maschinenmesstaster angetastet werden, siehe Bild 2-23 (rechts). Die parallele Nutzung des Arbeitsraums zur Bearbeitung von Werkstücken ist somit möglich. Die Basis für ein maschinen-integriertes System ist damit gelegt. Nach der Korrektur der gemessenen Fehler beträgt der räumliche Restfehler 10 µm. [KIM 01]; [KIM 04]

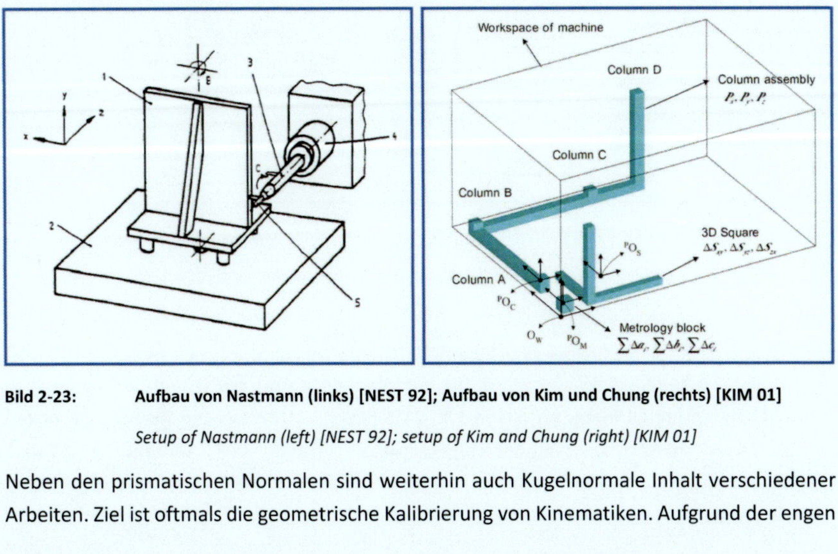


**Bild 2-23:** **Aufbau von Nastmann (links) [NEST 92]; Aufbau von Kim und Chung (rechts) [KIM 01]**

*Setup of Nastmann (left) [NEST 92]; setup of Kim and Chung (right) [KIM 01]*

Neben den prismatischen Normalen sind weiterhin auch Kugelnormale Inhalt verschiedener Arbeiten. Ziel ist oftmals die geometrische Kalibrierung von Kinematiken. Aufgrund der engen

Verwandtschaft der Messmethoden ist eine Nutzung zur Erfassung thermo-elastischer Fehler vielfach ohne Mehraufwand möglich. Zur Erfassung der Kugelposition werden entweder Messaufbauten mit Verlagerungssensoren in der Maschinenspindel geführt oder der Maschinenmesstaster genutzt. Ein Beispiel für einen Messaufbau mit einem Kugelnormal wird von Bringmann vorgestellt, siehe Bild 2-24. Durch den Einsatz eines Abstandhalters können Fehler im Volumen bestimmt werden. Eine Korrekturgüte wird nicht genannt. [BRIN 05]

Gomez-Acedo verwendet ein Kugelnormal speziell zur Messung thermo-elastischer Fehler an einer Portalmaschine, siehe Bild 2-24. Dabei wird der Fehler im Volumen um 68% reduziert. Bei entsprechender Platzierung könnte dieses System in eine Maschine integriert werden. [GOME 13]

Der in 2.2.1 vorgestellte R-Test kann ebenfalls zusammen mit Kugelnormalen oder Kugeln zur Messung thermo-elastischer Fehler genutzt werden, siehe Bild 2-15. Das in Absatz 2.2.1 vorgestellte Chase-the-Ball Verfahren wird auch zur Messung thermo-elastischer Fehler eingesetzt. Diese Idee wurde u. a. durch Brecher, Lee et. al. weiterentwickelt [BREC 18b]. Dabei werden 22 Fehler erfasst und Messzeiten von unter 8 min erreicht. Der im Werkzeugwechsler gelagerte R-Test ist in Kombination mit dem Verfahren zur automatisierten Platzierung einer Kugel im Arbeitsraum ein maschinen-integriertes Messverfahren. Bringmann erreicht eine mittlere Kreisformabweichung von 29 µm für einen Kreis von 300 mm Durchmesser einer Drehachse. [BRIN 06]; [LEE 18]

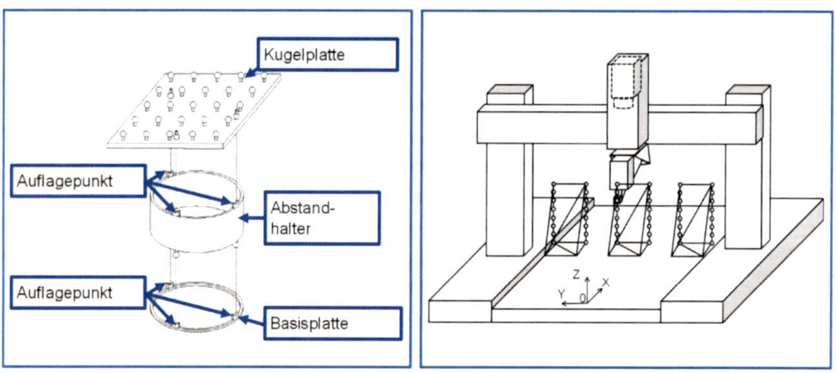


**Bild 2-24: Aufbau von Bringmann (links) [BRIN 05]; Aufbau von Gomez-Acedo (rechts) [GOME 13]**

*Setup of Bringmann (left) [BRIN 05]; setup of Gomez-Acedo (right) [GOME 13]*

Es gibt weiterhin verschiedene Ansätze Laserinterferometer in Maschinen zu integrieren, um die TCP-Verlagerung regelmäßig zu erfassen. Dabei sind besonders das Patent US8659763B2 der Dörries Scharmann Technologie GmbH hervorzuheben, das ein Laserinterferometer in eine Maschinenspindel integriert, siehe Bild 2-25 (links). Damit werden die Verlagerungen verschiedener Punkte in der Maschinenstruktur erfasst. Das Konzept sieht eine Maschinenintegration fest vor. Zur Korrekturgüte im Volumen sind keine Angaben gemacht. [US 8659763B2]

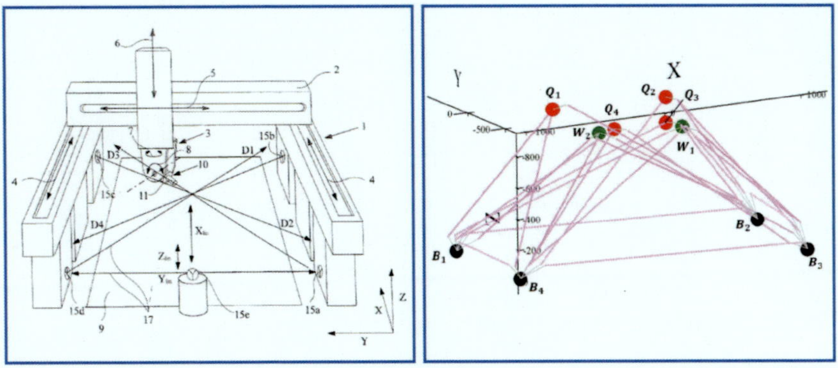


**Bild 2-25:** **Aufbau von [US 8659763B2] (links); Lasermesslinien im Arbeitsraum (rechts) [DEUT 20]**

*Setup of [US 8659763B2] (left); setup of Deutsch (right) [DEUT 20]*

Demgegenüber kann mit Multiinterferometer Systemen eine Fehlermessung entlang einer Vielzahl von Messlinien im Arbeitsraum erfolgen. Hierbei gibt es zwei Ansätze.

Ein Ansatz spannt feste Messlinien im Arbeitsraum auf, siehe Bild 2-25 (rechts). Deutsch et. al. erfasst damit Verlagerungen, die zur Schwachpunktanalyse dienen. Solange die Messlinien nicht durch ein Werkstück unterbrochen werden, ist dieses System maschinen-integriert. Die Arbeit enthält keine Angaben zur Korrekturgüte. [DEUT 20]

Song stellt im Jahr 2000 ein Konzept auf Basis von drei Laserinterferometern vor, deren Strahl durch Spiegel auf eine Maschinenspindel mit einem Katzenauge-Reflektor ausgerichtet werden kann. Für die Messung der thermo-elastischen Verlagerung der Spindel wird eine Unsicherheit von 1 µm bestimmt. [SONG 00]

Nisch und Schmitt schlagen 2010 eine modifizierte Variante des Konzepts mit mehreren Tracking Interferometern vor, das die Verlagerung des TCP an Großwerkzeugmaschinen erfassen kann, siehe Bild 2-26. Dies berücksichtigt die Entwicklung von Tracking Interferometern in den 2000er Jahren, vgl. 2.2.1. Hierbei ist eine Maschinenintegration für das Konzept berücksichtigt. Bedingung sind auch hier durch das Werkstück nicht unterbrochene Messlinien, was den nutzbaren Arbeitsraum eingrenzen kann. Die Arbeit enthält keine Angaben zur Korrekturgüte. [NISC 10]

**Indirekte Verfahren zur Messung der thermo-elastischen TCP-Verlagerung**

Nachfolgend werden ausgewählte Arbeiten indirekter, maschinen-integrierter Messverfahren vorgestellt. Die Modelle werden im Abschnitt 2.3.3 vertieft.

Heisel bestimmt 1979 einen funktionalen Zusammenhang zwischen der Verlagerung des TCP und der Drehzahl. Dieser Ansatz ist dem Abgreifen maschinen-interner Daten zuzuordnen. Da die Datenquelle „Steuerung“ bereits Teil der Maschine ist, sind diese Ansätze zwangsläufig maschinen-integriert. [HEIS 79]

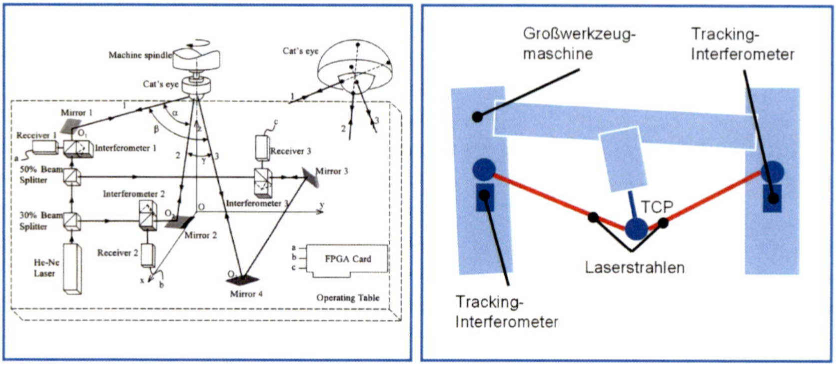


**Bild 2-26:** **Aufbau von Song (links) [SONG 00]; Aufbau von Nisch (rechts) [NISC 10]**

*Setup of Song (left) [SONG 00]; Setup of Nisch (right) [NISC 10]*

Die auftretenden Wärmeströme können mit Peltier-Elementen gemessen werden. Arbeiten zur Korrektur von Werkzeugmaschinen sind für diesen Ansatz jedoch nicht bekannt.

Der Abgriff der Strukturtemperaturen durch punktuelle Messungen zur Korrektur ist ein umfangreich erforschtes Vorgehen. Bereits 1963 publiziert Knyazhitskii einer Vorhersage des TCP-Fehlers auf Basis von Temperaturmessungen [KNYA 63]. Die Vorhersage des thermo-elastischen TCP-Fehlers mittels Temperaturen ist heute in vielen Steuerungen für Werkzeugmaschinen eine gängige Option und der Ansatz somit maschinen-integriert. Darüber hinaus sind für die Bestimmung des thermo-elastischen Positionierfehlers des Glasmaßstabs Temperatursensoren sehr gut geeignet [WENN 18].

Mitsuishi et. al messen 2001 relative Strukturverformungen mittels maschinen-integrierter Messgestänge, siehe Bild 2-27. Stäbe mit geringer thermo-elastischer Dehnung aus Invar geben Verlagerungen ihrer Montagepunkte zueinander an einen Sprungring weiter. Die Dehnung des Rings wird mit Dehnungs-Messstreifen erfasst. [MITS 01]

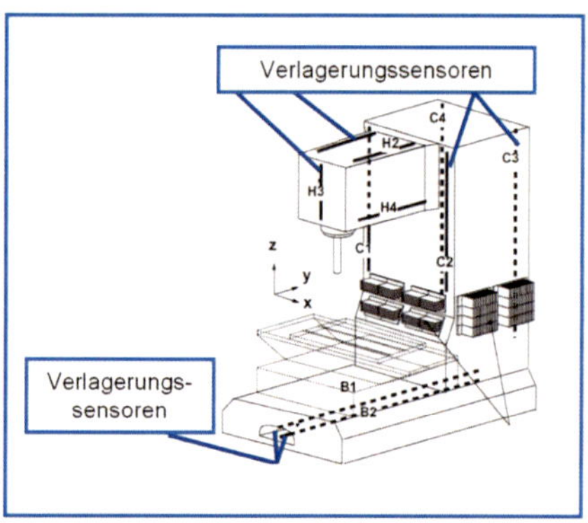


**Bild 2-27:** **Aufbau von Mitsuishi (links) [MITS 01]**

*Setup of Mitsuishi (left) [MITS 01]*

Aufbauend auf diese Arbeiten sind die Ergebnisse von Klatte und Tzanetos zu nennen. Die relative Verlagerung von thermo-stabilen, carbonfaserverstärkte Kunststoff (CFK) Stäben wird hier mit Verlagerungssensoren erfasst. Mittels aus der Mechanik abgeleiteten Funktionen wird die TCP-Verlagerung vorhergesagt, siehe Bild 2-27. Die Genauigkeit des Ansatzes steigt mit der Achslänge, was ihn für einen Einsatz an Großmaschinen prädestiniert. [BAUM 18]; [BREC 19]; [KLAT 19]

### 2.3.3 Modellierung und Korrektur des thermo-elastischen Verhaltens von Werkzeugmaschinen

*Modelling and compensation of the thermo-elastic behavior of machine tools*

Die Modellierung des thermo-elastischen Verhaltens ist die Grundlage aller indirekten Korrekturmethoden, siehe 2.3.2. Korrektur umfasst alle Maßnahmen, die die nachträgliche Eliminierung der Auswirkungen von thermo-elastischen Fehlern durch die steuerungstechnische Aufschaltung von Korrekturwerten zum Ziel haben. Das Modell approximiert aus den Messwerten die Verlagerung des TCP. Der modellierte TCP-Fehler wird folglich als Korrekturwert von den Steuerungs-Sollwerten abgezogen, siehe 2.2.3. [MAYR 12]

Dieser Abschnitt gliedert sich in je einen Unterabschnitt zu den Grundlagen der Modellbildung, den Grundlagen der Verzögerungsglieder-Modelle, dem bisherigen Einsatz von Verzögerungs-Modellen an Werkzeugmaschinen sowie bisherigen lernenden Modellen zur Korrektur thermo-elastischer Fehler von Werkzeugmaschinen. Die Auswahl spiegelt die Relevanz der Themen für diese Arbeit wider.

#### Grundlagen der Modellbildung

Die Modelle zur Vorhersage der TCP-Verlagerung werden in die Modellklassen Black-Box Modell, Grey-Box Modell und White-Box Modell gegliedert. Generell bilden Modelle die Wirklichkeit abstrahiert ab. Dabei wird diese im Rahmen der Modellbildung reduziert. Je nach Abstraktionsgrad baut ein Modell auf deterministischem Wissen (White-Box), Empirie bzw. ihrer mathematischen Beschreibung (Black-Box) oder einer Mischform (Grey-Box) auf, siehe Bild 2-28. [STAC 73]

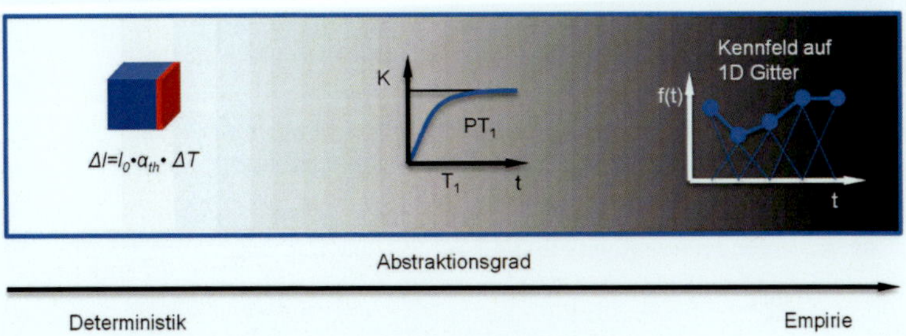


**Bild 2-28: Beispiele für Black-Box, Grey-Box und White-Box Modelle**

*Examples for black-box, grey-box and white-box models*

Dabei besteht bei Black-Box Modellen ein aus empirischen Versuchen abgeleiteter (mathematischer) Zusammenhang zwischen Eingangsgrößen und Ausgangsgrößen. Exemplarisch sei hierfür der Ansatz hochdimensionaler Kennfelder von Naumann genannt. Hier wird ein Kennfeld parametriert, dessen Stützstellen die TCP-Verlagerung abbildet. Zwischen den Stützstellen wird linear interpoliert. [NAUM 12]

Demgegenüber bildet ein White-Box Modell die deterministischen Vorgänge explizit ab. Beispielhaft ist hierfür die Arbeit von Thiem et. al. genannt. Es werden mittels parametrierter FE-Modelle sowie Steuerungs- und Sensordaten die physikalischen Phänomene abgebildet. [THIE 18]

Grey-Box Modelle weisen einen deterministischen Zusammenhang auf, der jedoch stark vereinfacht ist. Diese sind ein Kern der Modellbildung in dieser Arbeit und werden nachfolgend vertieft. Für diese Arbeit sind insbesondere Grey-Box Modellierungen auf Basis von Verzögerungsgliedern mit maschineninternen Daten als Eingangsgröße relevant, weshalb dieser Abschnitt diese Modellklasse nachfolgend vertieft. Ein umfangreicher historischer Abriss zur Korrektur des thermo-elastischen Verhaltens findet sich bei Wissmann, auf den hier vertiefend verwiesen wird [WISS 14].

**Grundlagen Verzögerungs-Modelle an Werkzeugmaschinen**

Ursächlich für das Verzögerungsverhalten des thermo-elastischen Verhaltens von Werkzeugmaschinen ist ihre thermische Trägheit. Diese kommt insbesondere für Modelle zum Tragen, die auf maschineninterne Daten als Eingangsgröße zurückgreifen. In diesem Fall ist die thermische Trägheit in Form der Strukturbauteile zwischen der Eingangsgröße z. B. Drehzahl und der Ausgangsgröße TCP-Verlagerung wirksam, siehe Bild 2-21.

Aus der Wärmelehre ist bekannt, dass das thermo-elastische Verhalten von realen physikalischen Systemen ein Verzögerungsverhalten aufweist [JUNG 00]. Im einfachsten Fall kann dies mit einem Verzögerungsglied 1. Ordnung ($PT_1$) angenähert werden. Die Differentialgleichung des $PT_1$-Glieds im Frequenzbereich wird durch Gl. (2-10) beschrieben. Die Parameter $K$ und $T$ charakterisieren das Systemverhalten. $K$ definiert die Sprunghöhe und $T$ die Sprunggeschwindigkeit. $u$ ist der Systemeingang und $y$ der Systemausgang.

$$T \cdot \dot{y}(t) + y(t) = K \cdot u(t) \tag{2-10}$$

Mittels Laplace Transformation ergibt sich im Frequenzraum Gl. (2-11).

$$(T \cdot s + 1) \cdot y = K \cdot u \tag{2-11}$$

Die sich daraus ergebende mathematische Formulierung der Übertragungsfunktion für ein $PT_1$-Glied im Frequenzraum ist in Gl. (2-12) gegeben.

$$G(s) = \frac{K}{1 + T \cdot s} = \frac{y}{u} \tag{2-12}$$

Die Sprungantwort $h(t)$ eines einzelnenen $PT_1$-Glieds ist in Gl. (2-13) gegeben und in Bild 2-29 dargestellt.

$$h(t) = K \cdot \left(1 - e^{\frac{t}{T}}\right) \tag{2-13}$$

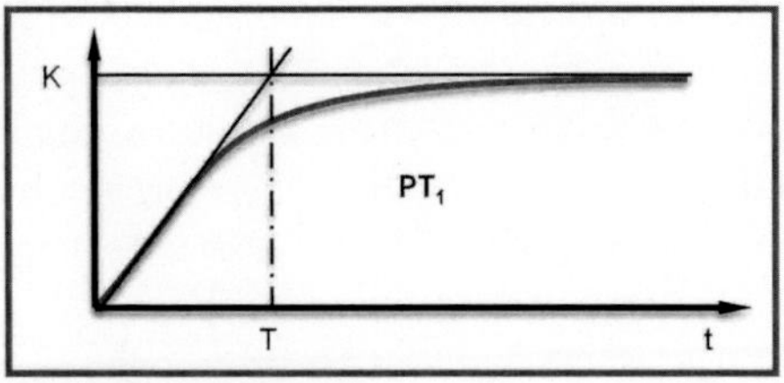


**Bild 2-29:** **Sprungantwort $PT_1$-Glied [SPIE 23]**

*Step response $PT_1$ element [SPIE 23]*

Reale Systeme verhalten sich wie Verzögerungsglieder höherer Ordnung [JUNG 00]. Die Verwendung von Verzögerungsgliedern höherer Ordnung bieten gemäß Wennemer keine relevanten Vorteile, da andere Fehlereinflüsse die Modellgüte vielfach stärker beeinflussen. [WENN 18]

**Modellbildung mit Verzögerungsgliedern an Werkzeugmaschinen**

Schon Heisel beschreibt 1979 für seine lineare Korrelation von Drehzahl und Spindelverlagerung einer Drehmaschine, dass diese nur für Beharrungszustände gültig ist. In der Konsequenz ist das Vorgehen für den realen, transienten Spindelbetrieb nicht geeignet. Er erkennt jedoch das Verzögerungsverhalten des Phänomens. [HEIS 79]

Spur et al. superponieren ein aus der Wärmelehre abgeleitetes Modell aus zwei Exponentialfunktionen, was Verzögerungsgliedern ähnlich ist. Eingangsgröße ist die Drehzahl. Die beiden Exponentialfunktionen bilden dabei Aufwärmung und Abkühlung ab. [SPUR 86]

Wulfsberg beschreibt dann im Jahr 1991 das Verlagerungsverhalten einer Schrägbettdrehmaschine aufgrund der Spindeldrehzahl mittels Verzögerungsgliedern erster und zweiter Ordnung. [WULF 91]

Bonse und Weck nutzen das Verzögerungsverhalten ab 1993, um geeignete Temperatursensoren für eine lineare Korrektur zu identifizieren. Dabei vergleichen sie das Verzögerungsverhalten der Verlagerungsanteile und der Temperatursensoren. [WECK 93]; [WECK 95]; [BONS 99]

Bueno et al. bilden 1997 in ihrer Arbeit zur „Thermal Modal Analysis" die resultierende Verlagerung als Summe von Exponentialfunktionen, vgl. Gl. (2-14). Die Autoren superponieren hier also verschiedene Sprungantworten von Verzögerungsgliedern erster Ordnung, vgl. (2-13). [BUEN 97]

$$\Delta x = \sum_{i}^{n} C_i \cdot \left(1 - e^{\frac{t}{T_i}}\right) \tag{2-14}$$

Jungnickel hält 2000 fest, dass das Verhalten von Werkzeugmaschinen als thermisches System aus systemtheoretischer Sicht ein Verzögerungsglied der Ordnung *n* ($PT_n$-Glied) ist. Das reale System weist Verzögerungsverhalten höherer Ordnung auf. In vielen Fällen ist eine Modellierung als System erster oder zweiter Ordnung aber zweckmäßig, da die Genauigkeit ausreichend ist. Der stationäre Zustand des Systems wird aus mathematischer Sicht erst nach unendlicher Zeit erreicht, das System nähert sich der Beharrung also nur an. In der produktionstechnischen Anwendung hat sich für $PT_1$-Glieder die dreifache Sprungkonstante als Beharrungskriterium bewährt. [JUNG 00]

Brecher, Hirsch und Weck greifen den Ansatz 2004 auf und modellieren mit einer Summe aus einem $PT_1$- und einem $PT_2$-Glied das Verhalten einer Spindel infolge von Drehzahl-Last und das Verhalten einer Achse auf Basis des Vorschubs. Die Autoren halten dabei fest, dass das thermo-elastische Verhalten der Maschine stark nichtlinear ist und parametrieren deshalb vier Betriebspunkte. [BREC 04]

Gebhart et al. erweitern ein $PT_1$-Glied um einen nichtlinearen Anteil zur Korrektur eines Drehtisches. Er erreicht eine Korrekturqualität von 85%. [GEBH 14]

Wissmann verwendet Verzögerungsglieder erster bis vierter Ordnung zur Korrektur des Spindellastanteils sowie des Umgebungseinflusses. Er erreicht dabei für zwei Maschinen eine Korrekturqualität von 70% bis 83% bzw. 55% bis 67% für die Hauptspindellast. [WISS 14]

Wennemer verwendet $PT_1$-Glieder zur Korrektur auf Basis von Steuerungsdaten. Er erreicht an zwei Fräsmaschinen eine Verbesserung von 51% bzw. 70%. [WENN 18]

Verschiedene Arbeiten greifen auf die Parametrierung mehrerer Arbeitspunkte für die Koeffizienten der Verzögerungsglieder zurück, um das systemtheoretisch nichtlineare thermo-elastische Verhalten abzubilden. Exemplarisch sind die verschiedenen Stützstellen der Parameter eines Verzögerungsgliedes für eine Parallelkinematik sowie ein Spindelsystem in Bild 2-30 dargestellt [NAUM 17]; [BREC 21b].

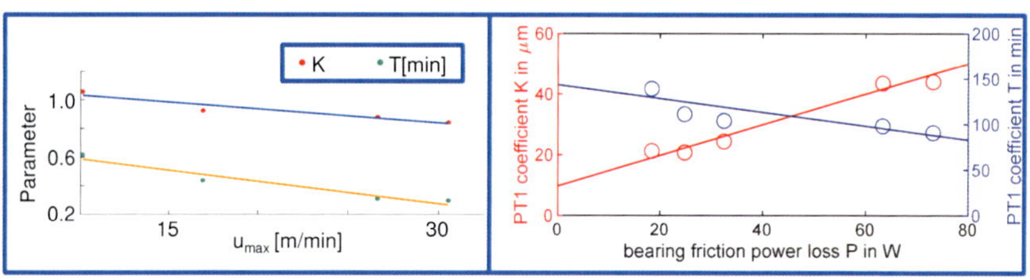


**Bild 2-30: Beispiele nichtlinearer thermo-elastischer PT1 Modelle**

**Parallelkinematik (links) [NAUM 17]; Spindelsystem (rechts) [BREC 21b]**

*Examples for non-linear thermo-elastic PT1-models*

*Parallelkinematic (left) [NAUM 17]; spindle system (right) [BREC 21b]*

Zusammenfassend kann festgehalten werden, dass Verzögerungsmodelle zur Abbildung des thermo-elastischen Verhaltens hohe Korrekturgüten erreichen und für die Speisung durch maschinen-interne Daten gut geeignet sind, aber die Parametrierung noch vielfach manuell auf Basis von Einzelversuchen erfolgt.

**Lernende Modelle im Kontext des thermo-elastischen Maschinenverhaltens**

Verschiedene Modelltypen sind als prominente Vertreter des maschinellen Lernens bekannt [RUSS 22]. Die vielleicht prominentesten Modelltypen sind künstliche neuronale Netze (KNN). KNN werden bereits seit Jahrzehnten zur Korrektur thermo-elastischer Fehler an Werkzeugmaschinen genutzt.

Morawaki und Zhao setzen 1992 KNN zur Abbildung der thermo-elastischen Maschinenverlagerung einer Fräsmaschine ein. Sie nutzen dabei Strukturtemperaturen als Eingangsdaten. [MORI 92]

Chen und Chiou nutzen 1995 KNN zur Korrektur einer Fräsmaschine. Hier sind ebenfalls Temperatursensoren an den Strukturbauteilen und Wärmequellen Eingangsgrößen des KNN. [CHEN 95]

Diesen exemplarischen Arbeiten, wie auch der überwältigenden Mehrheit an verwandten Arbeiten, ist jedoch gemein, dass die KNN nur einmalig parametriert werden [WISS 14]. Im Gültigkeitsbereich der Parametrierung nicht enthaltene Wertebereiche und Phänomene werden also im realen Einsatz des Modells durch Extrapolation abgedeckt. Ob dies immer zu sinnvollen Korrekturwerten führt ist fragwürdig [BLAS 20]. Die aufgezeigten Probleme können durch lernfähige Modelle gelöst werden. Lernfähig wird dabei in dieser Arbeit im Kontext von „maschinellem Lernen“ verstanden, wobei die Definition von Mitchel aus dem Jahr 1997 verwendet wird: „Maschinelles Lernen ist die Lehre von Computeralgorithmen, die sich automatisch durch Erfahrung verbessern.“ (im englischen Original: „Machine Learning is the study of computer algorithms that improve automatically through experience.“) [MITC 97]. Die Lernfähigkeit von Modellen mittels automatisierter Auswertung weiterer Messungen reduziert den notwenigen Parametrierungsaufwand und ermöglicht die Erweiterung des Gültigkeitsbereichs im Betrieb. Mögliche Differenzen zwischen dem zur Parametrierung genutzten Lastspektrum und der realen Last werden also ausgeglichen. Dies geschieht dabei noch spezifisch bezogen auf den Aufstellort der Maschine, was insbesondere für den Umgebungseinfluss wertvoll ist, siehe 2.3.1. Randbedingung für diese Modelle ist ein regelmäßiger Abgleich mit realen Messdaten z. B. durch ein maschinen-integriertes Messsystem [BLAS 20]. Mit Fokus auf das Messsystem sind lernende Modelle also hervorragend zur Erweiterung der Funktionalität geeignet.

Yang und Ni erarbeiten 2003 eine adaptive Strategie zur Modellierung der thermo-elastischen Fehler von Werkzeugmaschinenbaugruppen am Beispiel einer Hauptspindel. Eingangsdaten sind Temperatursensoren an den Wärmequellen der Spindel. Das Modell ist ein Output Error Model aus dem Bereich der Systemidentifikation und für den Onlineeinsatz gedacht. Es zeichnet sich durch eine deutlich verbesserte Robustheit gegenüber nicht lernfähigen Modellen aus. Eine Korrekturgüte von 80% des gemessenen Fehlers wird erreicht. [YANG 03]

Yang und Ni erarbeiten außerdem zwei adaptive Modelle. Beide Modelle haben Temperaturdaten als Eingangsdaten und werden mittels Verlagerungsmessungen des Maschinenmesstasters einer Fräsmaschine adaptiert. Einerseits wird ein Model auf Basis des Kalman Filters vorgestellt. Das Modell hat im schlechtesten betrachteten Fall eine Korrekturgüte von 49%. Andererseits wird ein adaptives neuronales Netz vorgestellt, das 80% des thermo-elastischen Fehlers des Spindelsystems modelliert. Dabei wurden vier verschiedene Netztypen untersucht und IRNN Netze (*engl.: Integrated Recurrent Neural Networks*) als geeignetste Variante in Bezug auf die Robustheit des Modells identifiziert [YANG 05a]; [YANG 05b]

Brecher et. al nutzen Unscented Kalman Filter (UKF) zur Parametrierung maschinen-integrierter Messsysteme. Mittels eines R-Tests (siehe 2.2.1) werden geometrische Achsfehler erfasst. Mithilfe eines Messgestänges (siehe 2.3.2) werden thermo-elastische Verlagerungen der Struktur gemessen. [BREC 17b]

Eine adaptive, lernende Steuerung zur Korrektur thermo-elastischer Fehler wird durch Blaser et. al 2017 vorgestellt. Ein autoregressives Modell wird durch regelmäßige Verlagerungsmessungen mit dem Maschinenmesstaster sowie Temperaturdaten parametriert. Das Model rekalibriert sich, falls ein Fehler bei einer Messung einen vorher definierten Grenzwert überschreitet. Für die Rekalibrierung werden länger zurückliegende Messwerte geringer gewichtet. Im Sinne der Lernfähigkeit liegt also möglicherweise eine Überbetonung der näheren Vergangenheit vor. Es wird eine Korrekturgüte von bis zu 80% erreicht. [BLAS 17]; [BLAS 19]; [BLAS 20]

Brecher, Wiesch, Spierling et. al propagieren 2021 zum Aachener Werkzeug-maschinenkolloquium den Einsatz von lernenden Modellen. Sie versprechen sich davon verbesserte Transparenz und Übertragbarkeit von Wissen in der Produktionstechnik [BREC 21c].

## 2.4 Unscented Kalman Filter

Dieses Unterkapitel stellt den für das Verständnis dieser Arbeit wichtigen Unscent Kalman Filter zur Parameterschätzung vor. In Abschnitt 2.4.1 wird die Grundstruktur erläutert. Die beiden großen Modellschritte werden in den Abschnitten 2.4.2 (Zeitupdate) und 2.4.3 (Messupdate) behandelt.

### 2.4.1 Unscented Kalman Filter zur Parameterschätzung

*Unscented Kalman Filter for Parameter Estimation*

Für diese Arbeit kommt ein Unscent Kalman Filter zur Parameterschätzung nach [WAN 00] zum Einsatz. Die übergeordnete Modelarchitektur gliedert sich dabei in einen Schritt für ein Zeitupdate und einen zweiten Schritt für ein Messupdate, siehe Bild 2-31. Das Zeitupdate umfasst dabei die Unscented Transformation, die den Kern des UKF bildet und in Abschnitt 2.4.2 erläutert wird. Das Messupdate umfasst dabei hauptsächlich den Abgleich einer Messung mit den berechneten Ergebnissen des aktuellen Parametersatzes. Fixe Eingangsgrößen sind die Einstellparameter $\alpha, \beta$ und $\kappa$ sowie die daraus errechneten Gewichte $W_i^{(m)}$ und $W_i^{(c)}$ sowie die Messwerte $d_k$, das Messrauschen $R_k^e$. Die letzte relevante Größe ist der Systemzustand der inneren Modellbeschreibung $x_k$.

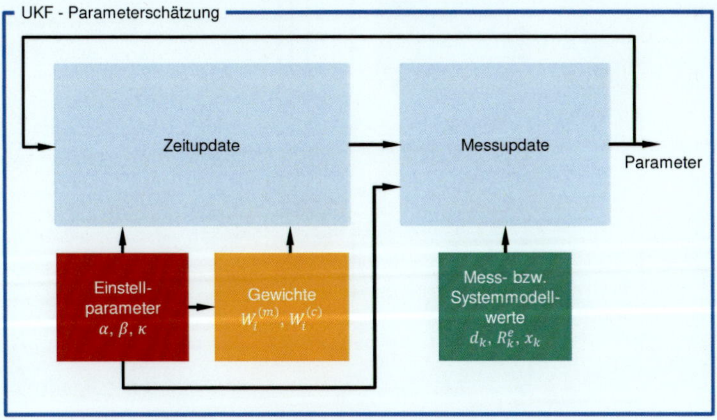


**Bild 2-31: Grundaufbau des Unscented Kalman Filters zur Parameterschätzung [SPIE 23]**

*General setup of the Unscented Kalman Filter for Parameter estimation [SPIE 23]*

Der Detailaufbau des Modells ist in Bild 2-32 gezeigt. Aufgrund der hohen Komplexität des Gesamtmodells werden die Teilbereiche Zeitupdate und Messupdate in den beiden nachfolgenden Abschnitten einzeln im Detail erläutert.

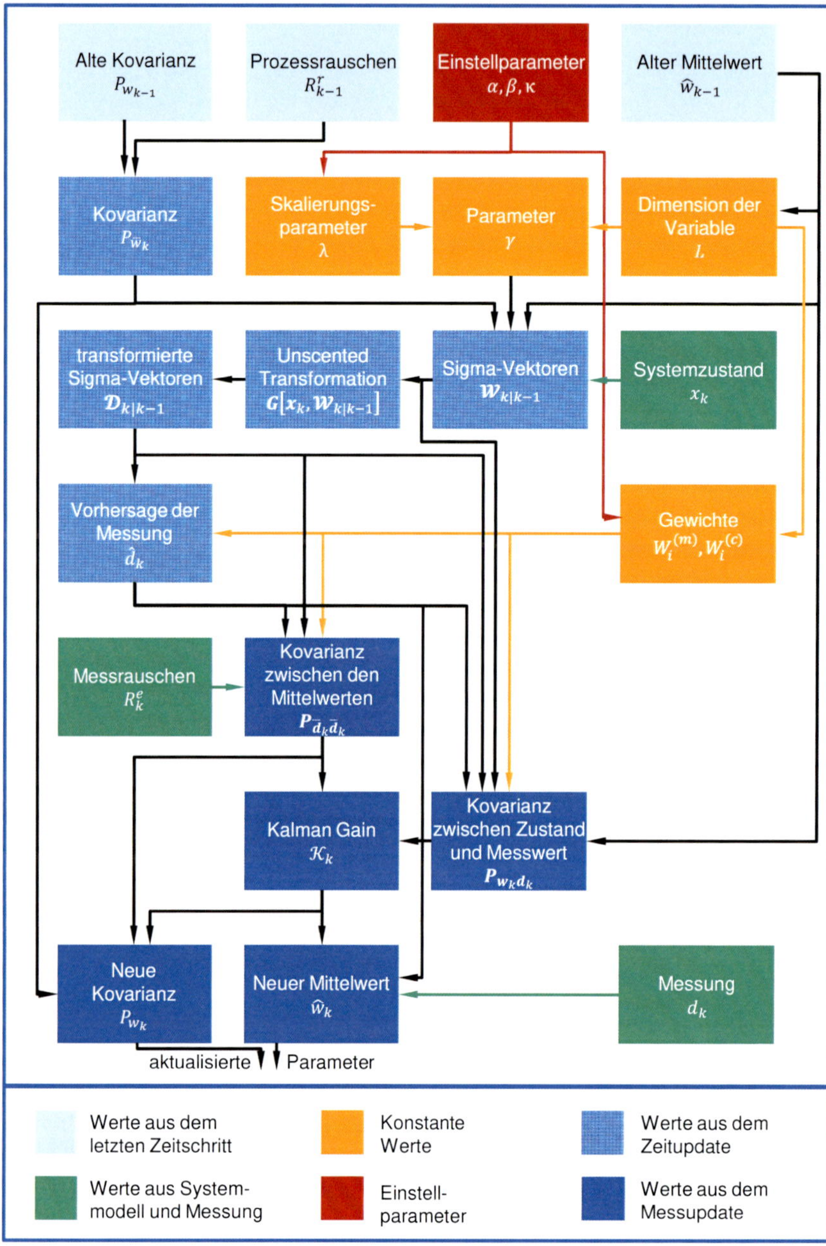


**Bild 2-32:** **Detailaufbau des Unscented Kalman Filters zur Parameterschätzung**

*Detailed setup of the Unscented Kalman Filter for parameter estimation*

### 2.4.2 Zeitupdate des Unscented Kalman Filters

*Time update of the Unscented Kalman Filter*

Die Struktur des Zeitupdates des Unscented Kalman Filters zur Parameteridentifikation in dieser Arbeit ist in Bild 2-33 dargestellt. Es basiert zentral auf der Unscented Transformation, die der Kern aller Varianten des Unscented Kalman Filters ist [WAN 99].

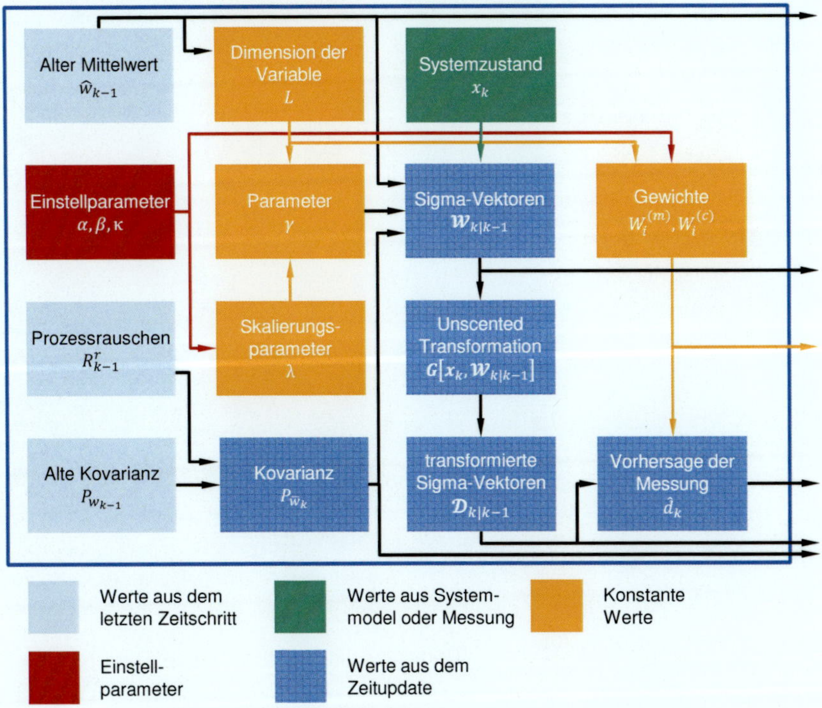


**Bild 2-33: Detailaufbau des Zeitupdates**

*Structure of the time update*

Eingang des Zeitupdates ist der Parametersatz aus dem letzten Zeitschritt, die Einstellparameter, die konstanten Werte und der Systemzustand $x_k$, siehe Bild 2-31. Der Systemzustand $x_k$ ist hier die durch das $PT_1$ berechnete thermo-elastische Verlagerung. Für den ersten Berechnungsschritt liegen für manche Werte berechnete Startwerte vor, ansonsten werden erfahrungsbasierte Startwerte verwendet. Der Parametersatz aus dem letzten Rechenschritt besteht aus altem Mittelwert $\hat{w}_{k-1}$, alter Kovarianz $P_{w_{k-1}}$ und Prozessrauschen $R_{k-1}^r$. Die Einstellparameter umfassen $\alpha$, $\beta$ und $\kappa$.

Die konstanten Werte sind der Skalierungsparameter $\lambda$, der Parameter $\gamma$, die Dimension der Variable $L$ sowie die Gewichte $W_i^{(m)}$ bzw. $W_i^{(c)}$. $\lambda$ wird aus den Einstellparametern $\alpha$ und $\kappa$ sowie der Dimension der Variable $L$ berechnet, siehe Gl. (2-15).

$$\lambda = \alpha^2(L+\kappa) - L \tag{2-15}$$

Der Parameter $\gamma$ wird aus der Dimension der Variable $L$ sowie dem Einstellparameter $\lambda$ bestimmt, siehe Gl. (2-16).

$$\gamma = \sqrt{L+\lambda} \tag{2-16}$$

Die Gewichte für den Mittelwert $W_i^{(m)}$ und die Gewichte für die Kovarianz benötigt $W_i^{(c)}$ werden mithilfe des Skalierungsparameters $\lambda$ und dem letzten Einstellparameter $\beta$ bestimmt, siehe Gl. (2-17) bis Gl. (2-19).

$$W_0^{(m)} = \frac{\lambda}{(L+\lambda)} \tag{2-17}$$

$$W_0^{(c)} = \frac{\lambda}{L+\lambda} + (1 - \alpha^2 + \beta) \tag{2-18}$$

$$W_i^{(m)} = W_i^{(c)} = \lambda/(2(L+\lambda))\,, i = 1, \ \ldots, 2L \tag{2-19}$$

Aus diesen Größen werden die Werte des Zeitupdates berechnet. Dies sind die Kovarianz $P_{\overline{w}_{k-1}}$, die Sigma-Vektoren $\mathcal{W}_{k|k-1}$, die transformierten Sigmavektoren $\mathcal{D}_{k|k-1}$ und die Vorhersage der Messung $\hat{d}_k$.

Die Kovarianz $P_{\overline{w}_k}$ setzt sich dabei aus der alten Kovarianz $P_{w_{k-1}}$ und dem Prozessrauschen $R_{k-1}^r$ zusammen, siehe Gl. (2-20).

$$P_{\overline{w}_k} = P_{w_{k-1}} + R_{k-1}^r \tag{2-20}$$

Aus altem Mittelwert $\widehat{w}_{k-1}$, Kovarianz $P_{\overline{w}_k}$ und dem Parameter $\gamma$ werden die Sigma-Vektoren $\mathcal{W}_{k|k-1}$ berechnet.

$$\mathcal{W}_{k|k-1} = \left[\widehat{w}_{k-1}\widehat{w}_{k-1} + \gamma\sqrt{P_{\overline{w}_k}}\widehat{w}_{k-1} - \gamma\sqrt{P_{\overline{w}_k}}\right] \tag{2-21}$$

Der nächste Schritt des Zeitupdates ist die Unscented Transformation, siehe Bild 2-34. Ausgangspunkt der Transformation sind die Sigma-Vektoren $\mathcal{W}_{k|k-1}$. Dabei bildet ein Wert den Mittelwert ab, während die anderen Sigma-Punkte die statistische Streuung des Parameters darstellen. Bei der Berechnung der Sigma-Vektoren beeinflusst $\lambda$ indirekt über den Parameter $\gamma$ den Abstand der Sigma-Punkte zum Mittelwert. Das nichtlineare Verhalten der Systemfunktion $G(\mathrm{x})$ wird abgebildet, indem die Sigma-Vektoren zusammen mithilfe des tatsächlichen nichtlinearen Systems verarbeitet werden. Dieses Vorgehen bildet den Einfluss des nichtlinearen Systemanteils somit ab. [WAN 99]

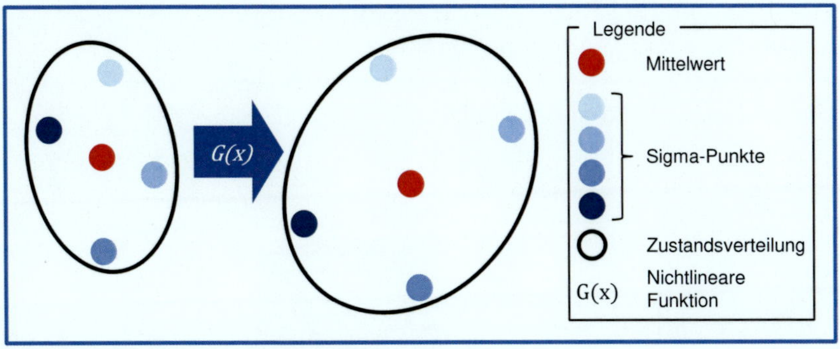


**Bild 2-34: Unscented Transformation [WAN 99]**

*Unscented transformation [WAN 99]*

Es werden mittels der Unscent Transformation aus den Sigma-Vektoren sowie dem Zustand des Systemmodells $\boldsymbol{x}_k$ die transformierten Sigmavektoren $\boldsymbol{\mathcal{D}}_{k|k-1}$ bestimmt, siehe Gl. (2-22).

$$\boldsymbol{\mathcal{D}}_{k|k-1} = G[\mathbf{x}_{\boldsymbol{k}}, \boldsymbol{\mathcal{W}}_{k|k-1}] \quad \textbf{(2-22)}$$

Aus den transformierten Sigma-Vektoren $\boldsymbol{\mathcal{W}}_{k|k-1}$ sowie den Gewichten des Mittelwerts $W_i^{(m)}$ wird die Vorhersage der Messung $\hat{d}_k$ ermittelt, siehe Gl. (2-23).

$$\hat{d}_k = \sum_{i=0}^{2L} W_i^{(m)} \boldsymbol{\mathcal{D}}_{i,k|k-1} \quad \textbf{(2-23)}$$

Damit ist das Zeitupdate abgeschlossen.

Für die Einstellparameter sind zu beachtende Punkte nachstehend aufgeführt. Es muss $0 \leq \alpha \leq 1$ und $\kappa \geq 0$ gelten. Der Wertebereich von $\kappa \geq 0$ sollte eingehalten werden, damit die Kovarianzmatrix $\boldsymbol{P}_x$ positiv semidefinit bleibt. Bei einem größeren $\alpha$ wird der entsprechende Sigma-Vektor $\boldsymbol{\mathcal{W}}_{k|k-1}$ höher gewichtet. Für starke Nichtlinearitäten werden kleine Werte für $\alpha$ empfohlen, um die Nichtlinearität in der Nähe des Mittelwerts $\widehat{w}_{k-1}$ exakter abzubilden. [WAN99] nutzt $\alpha = 0{,}001$. Der Faktor $\beta$ muss ebenfalls $\beta \geq 0$ gesetzt werden. Mit diesem Wert wird die Gewichtung der Nichtlinearitäten höherer Ordnung (z. B. dritter oder vierter Ordnung) gesteuert. Weitergehend sei zu diesem Thema auch auf die Dissertation von van der Merwe verwiesen. [VAN 04]

### 2.4.3 Messupdate des Unscented Kalman Filters

*Measurement update of the Unscented Kalman Filter*

Ziel des Messupdates ist der Abgleich der im Zeitupdate ermittelten Parameter mit den realen Messdaten. Der Aufbau des Teilschritts ist in Bild 2-35 dargestellt.

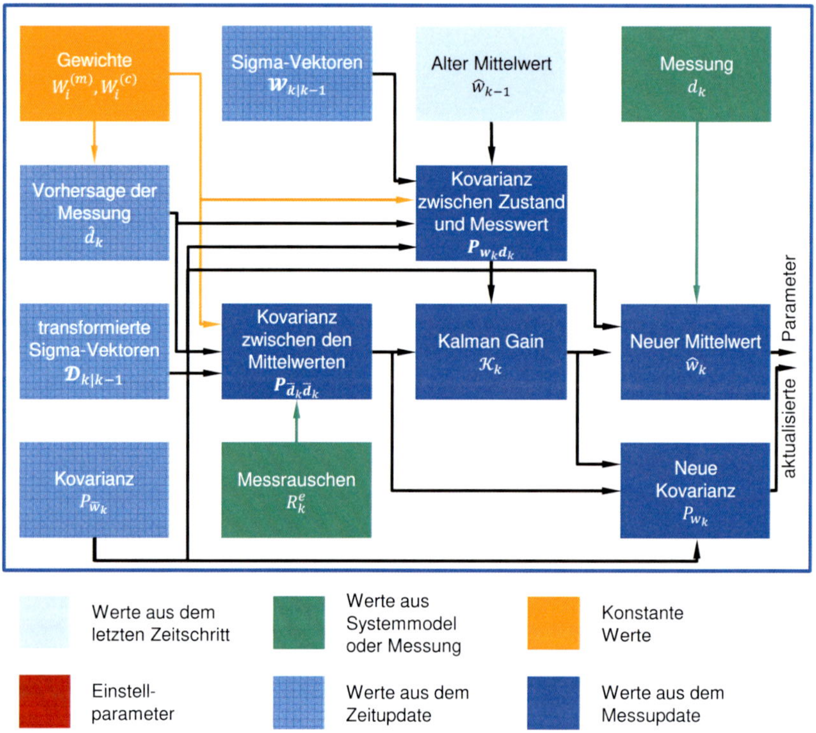


**Bild 2-35: Detailaufbau des Messupdates**

*Structure of the measurement update*

Eingangswerte existieren aus dem Zeitupdate des UKF, dem letzten Zeitschritt des UKF sowie der Messung $\boldsymbol{d}_k$. Die Gewichte für den Mittelwert $W_i^{(m)}$ bzw. $W_i^{(c)}$ sind bereits aus dem Zeitupdate bekannt, Gl. (2-17) bis Gl. (2-19). Ebenfalls aus dem Zeitupdate bekannt sind die Sigma-Vektoren $\mathcal{W}_{k|k-1}$, die Vorhersage der Messung $\hat{d}_k$, die transformierten Sigma Vektoren $\mathcal{D}_{k|k-1}$ und die Kovarianz $\boldsymbol{P}_{\boldsymbol{w}_k}^{-}$, siehe Gl. (2-20) und Gl. (2-23). Der alte Mittelwert $\hat{\boldsymbol{w}}_{k-1}$ ist aus dem letzten Zeitschrit gegeben. Das Messrauschen $\boldsymbol{R}_k^e$ und die Messung $\boldsymbol{d}_k$ resultieren aus den erfassten Werten.

Zuerst werden die Kovarianz zwischen Zustand und Mittelwert $\boldsymbol{P}_{\boldsymbol{w}_k\boldsymbol{d}_k}$ sowie die Kovarianz zwischen den Mittelwerten $\boldsymbol{P}_{\bar{\boldsymbol{d}}_k\bar{\boldsymbol{d}}_k}$ berechnet, siehe Gl. (2-24) sowie Gl. (2-25). Dabei fließen in $\boldsymbol{P}_{\boldsymbol{w}_k\boldsymbol{d}_k}$ außerdem noch die Sigma-Vektoren, der alte Mittelwert $\hat{\boldsymbol{w}}_{k-1}$, die transformierten

Sigma-Vektoren $\boldsymbol{\mathcal{D}}_{i,k|k-1}$ und die Vorhersage der Messung $\widehat{\boldsymbol{d}}_k$ ein. In $\boldsymbol{P}_{\bar{\boldsymbol{d}}_k\bar{\boldsymbol{d}}_k}$ fließt als weitere Größe noch das Messrauschen $\boldsymbol{R}_k^e$ ein.

$$\boldsymbol{P}_{\boldsymbol{w}_k\boldsymbol{d}_k} = \sum_{i=0}^{2L} W_i^{(c)} * \left[\boldsymbol{\mathcal{W}}_{i,k|k-1} - \widehat{\boldsymbol{w}}_{k-1}\right]\left[\boldsymbol{\mathcal{D}}_{i,k|k-1} - \widehat{\boldsymbol{d}}_k\right]^T \tag{2-24}$$

$$\boldsymbol{P}_{\bar{\boldsymbol{d}}_k\bar{\boldsymbol{d}}_k} = \sum_{i=0}^{2L} W_i^{(c)} * \left[\boldsymbol{\mathcal{D}}_{i,k|k-1} - \widehat{\boldsymbol{d}}_k\right]\left[\boldsymbol{\mathcal{D}}_{i,k|k-1} - \widehat{\boldsymbol{d}}_k\right]^T + \boldsymbol{R}_k^e \tag{2-25}$$

Der in allen Kalman Filtern enthaltene Kalman Gain $\mathcal{K}$ wird für diese Arbeit aus den beiden Kovarianzen bestimmt, siehe Gl. (2-26).

$$\mathcal{K}_k = \boldsymbol{P}_{\boldsymbol{w}_k\boldsymbol{d}_k}\boldsymbol{P}_{\bar{\boldsymbol{d}}_k\bar{\boldsymbol{d}}_k}^{-1} \tag{2-26}$$

Mit diesem wird aus der Differenz der Messung $\boldsymbol{d}_k$ zu ihrer Vorhersage $\widehat{\boldsymbol{d}}_k$, dem Kalman Gain $\mathcal{K}$ sowie dem alten Mittelwert $\widehat{\boldsymbol{w}}_{k-1}$ der neue Mittelwert $\widehat{\boldsymbol{w}}_k$ ermittelt, siehe Gl. (2-27).

$$\widehat{\boldsymbol{w}}_k = \widehat{\boldsymbol{w}}_{k-1} + \mathcal{K}_k\left(\boldsymbol{d}_k - \widehat{\boldsymbol{d}}_k\right) \tag{2-27}$$

Die neue Kovarianz $\boldsymbol{P}_{\boldsymbol{w}_k}$ basiert auf der alten Kovarianz, dem Kalman Gain $\mathcal{K}$ sowie der Kovarianz zwischen den Mittelwerten $\boldsymbol{P}_{\bar{\boldsymbol{d}}_k\bar{\boldsymbol{d}}_k}$, siehe Gl. (2-28).

$$\boldsymbol{P}_{\boldsymbol{w}_k} = \boldsymbol{P}_{\boldsymbol{w}_k}^- - \mathcal{K}_k\boldsymbol{P}_{\bar{\boldsymbol{d}}_k\bar{\boldsymbol{d}}_k}\mathcal{K}_k^T \tag{2-28}$$

Der neue Mittelwert $\widehat{\boldsymbol{w}}_k$ sowie die neue Kovarianz $\boldsymbol{P}_{\boldsymbol{w}_k}$ bilden den neuen Parametersatz und fließen auch in den nächsten Zeitschritt $k+1$ ein. Dabei enthält der neue Mittelwert die geschätzten Parameter selbst und die Kovarianz repräsentiert die Unsicherheit des geschätzten Wertes. Somit stehen für jeden Modellschritt auch die Unsicherheiten zur Verfügung.

## 2.5 Defizite im Stand der Technik

*Deficits of the state of the art*

Maßnahmen zur Steigerung der thermo-elastischen Genauigkeit von Werkzeugmaschinen fußen auf der Messung der korrespondierenden Fehler. Maschinen-integrierte Messsysteme schaffen die Möglichkeit den Fehler automatisiert in definierten, zeitlichen Abständen zu erfassen. Ziel der maschinen-integrierten Erfassung ist eine Messung des thermo-elastischen Zustands im regulären Maschinenbetrieb. Außerdem sollen die besonders relevanten Positioniergenauigkeiten, Rechtwinkligkeiten und Abbe-Fehler relevante Winkelfehler erfassen. Es ist kein maschinen-integriertes Messverfahren bekannt, dass den photo-elektrischen Effekt nutzt und die o. g. relevanten Fehler erfasst. Die bekannten maschinen-integrierten Messmethoden auf Basis von Interferometern sind mittels kostenintensiver Hardware umgesetzt. Für viele artefakt- bzw. normalbasierte Messmethoden gilt dies auch, da kalibrierte Normale teuer sind.

Um eine wirtschaftliche Korrektur zu ermöglichen, ist die Anzahl der Messungen im Betrieb zu reduzieren und der Anteil der produktiven Maschinenzeit zu maximieren. Die Nutzung maschinen-interner Daten als Eingangsgröße korrespondiert mit den übergeordneten Megatrends Digitalisierung und Industrie 4.0 des Felds der Produktionstechnik. Hierfür sind besonders Modelle auf Basis von Verzögerungsgliedern geeignet. Schwachstelle der bekannten Modellierung mittels Verzögerungsgliedern ist die Abbildung des nichtlinearen systemtheoretischen Verhaltens mittels vieler parametrierter Stützstellen. Dies führt zu erheblichem Aufwand für die Parametrierung. Dieser für den wirtschaftlichen Einsatz sehr relevante Punkt wird nicht adressiert. Außerdem bilden die Modelle auftretende Veränderungen z. B. Verschleiß oder Besonderheiten des Aufstellortes nicht ab. Zusammenfassend bieten bisherige Ansätze Verbesserungspotential hinsichtlich wirtschaftlicher Parametrierung und Langzeitgültigkeit. Lernende Modelle bilden eine sinnvolle Erweiterung für maschinen-integrierte Messsysteme zur Erreichung der genannten Ziele. Lernfähigkeit meint hier die automatisierte, algorithmische Verbesserung des Modells respektive seiner Parameter, siehe 2.3.3. Bisherige Arbeiten nutzen oft Unscented Kalman Filter um Modelle lernend zu parametrieren.

# 3 Zielsetzung, Aufgabenstellung und methodischer Forschungsansatz

*Objectives, task and methodical research approach*

## 3.1 Zielsetzung und Aufgabenstellung

*Objective and Task*

Die Optimierungskategorien im Kontext des thermo-elastischen Verhaltens von Werkzeugmaschinen sind die Produktivität, die Fertigungsqualität und der Energiebedarf. Eine Möglichkeit zur Steigerung der Fertigungsqualität ist die direkte oder indirekte Erfassung der Abweichungen zwischen TCP und Maschinentisch. Es ist belegt, dass der Großteil des thermo-elastischen Summenfehlers am TCP nur von einer Teilmenge der Komponenten- und Lagefehler der Maschinenkinematik bestimmt wird [WENN 18]. Großen Einfluss haben in der Regel die Positioniergenauigkeiten, die Abbe-Fehler bedingenden Winkelfehler und die Rechtwinkligkeiten. Ziel dieser Arbeit ist die Beschreibung des thermo-elastischen Maschinenverhaltens mittels kosteneffizienter, maschinen-integrierter Messtechnik für 3-Achs-Fräsmaschinen.

Es ist keine Methodik mit den genannten Randbedingungen bekannt, die für kleine und mittlere Bearbeitungszentren einen relevanten Anteil des thermo-elastischen Fehlers im Volumen bestimmen kann und dazu den photoelektrischen Effekt in positionssensitiven Dioden nutzt. Die erste Forschungsfrage dieser Arbeit lautet daher:

*Wie ist ein kosteneffizientes, maschinenintegriertes Messverfahren zur Erfassung eines relevanten Teils des thermo-elastischen Summenfehlers von kleinen und mittleren 3-Achs-Fräsmaschinen zu gestalten?*

Um das Ziel der Beschreibung des Maschinenverhaltens dauerhaft und präzise zu erreichen, wird die Messmethode durch eine lernende Modellierung des thermo-elastischen Maschinenverhaltens erweitert. Diese Beschreibung muss auf die Messmethode selbst abgestimmt werden. Die zweite Forschungsfrage dieser Arbeit lautet daher:

*Wie ist eine auf die Messmethode abgestimmte, lernende Modellierung des thermo-elastischen Maschinenverhaltens zu gestalten?*

Die Gliederung der Arbeit ergibt sich aus dem methodischen Forschungsansatz in Unterkapitel 3.2.

## 3.2 Methodischer Forschungsansatz

*Methodical research approach*

Der Messaufbau der in dieser Arbeit entwickelten Methode besteht aus einem thermo-stabilen Messrahmen und einem Messkopf, siehe Bild 3-1. Auf dem Maschinentisch ist ein thermo-stabiler Messrahmen montiert. Thermo-stabil meint hier, dass er keine relevante thermo-elastische Dehnung erfährt. Der Messrahmen trägt eine Laserquelle sowie vier Pentaprismen. Der von der Quelle emittierte Strahlengang wird von den Pentaprismen entlang eines räumlichen kartesischen Koordinatensystems der 3-Achs-Kinematik umgelenkt. Der dargestellte Laserrahmen verfügt über fünf Strahlsegmente, die für die Messung durchschritten werden können. Je zwei Strahlsegmente liegen entlang der X- und Y-Achse. Ein Strahlsegment liegt entlang der Z-Achse. Demgegenüber ist in der Spindel ein Messkopf platziert, der zwei photosensitiven Dioden (PSD) trägt. Die PSD messen beim Eintauchen in den Strahlengang den Schwerpunkt des Lichtstrahls. Entlang eines Laserstrahls werden so die Abweichungen orthogonal zum Strahl erfasst.

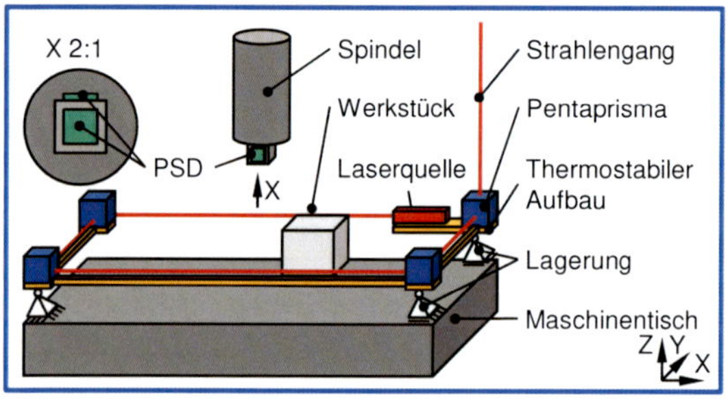


**Bild 3-1: Prinzip Skizze Messaufbau**

*Principle of the measurement setup*

Die Messmethode basiert auf einem Laser und PSD, da diese Komponenten deutlich kostengünstiger sind als Interferometer. Um Rechtwinkligkeitsmessungen zu ermöglichen, werden zusätzlich Pentaprismen eingesetzt. Weil der Messrahmen thermo-stabil ist und damit für den Strahlengang keine relevanten Veränderungen angenommen werden, sind die verbleibenden messbaren Verlagerungen zwischen spindelseitigem Messkopf und tischseitigem Strahlengang der Maschine zuzuschreiben.

Im Kontext dieser Arbeit sollen nur thermo-elastische Fehler erfasst werden. Diese stellen die transienten Veränderungen bezogen auf einen gemessenen Ausgangszustand dar. Da der Fehler des Pentaprismas bei der Umlenkung des Laserstrahls in der Messung des Ausgangszustands sowie jeder weiteren Messung vorhanden ist, wird er bei der Bildung der Differenz, die den thermo-elastischen Fehler darstellt, eliminiert. Der Einsatz kostengünstiger Pentaprismen mit größeren Fehlern ist daher möglich.

Mit dem dargestellten Aufbau sind im Arbeitsraum alle sechs Geradheiten, die drei Rechtwinkligkeiten sowie die Positionier- und die Rollfehler der X- und Y-Achse erfassbar. Es sind in Summe also 13 von 21 geometrischen Abweichungen einer linearen 3-Achs-Kinematik messbar. Darin sind die gemäß Wennemer für das thermo-elastische Maschinenverhalten besonders relevanten Positioniergenauigkeiten und Rechtwinkligkeiten enthalten [WENN 18]. Infolge der nicht erfassbaren Abbe-Fehler ist dieser Aufbau besonders für kleine und mittlere Bearbeitungszentren geeignet, da diese kurze Abbe-Hebel aufweisen, die einen entsprechend kleinen Einfluss der Abbe-Fehler auf den Fehler im Volumen bedingen. Für die umrissene Lücke im Stand der Technik bei kleinen und mittleren Fräsmaschinen ist der Ansatz also geeignet. Mit Bezug auf die erste Forschungsfrage kann festgehalten werden, dass eine maschinen-integrierte, kosteneffiziente Messmethode für 3-Achs-Fräsmaschinen auf Basis des photo-elektrischen Effekts konzeptioniert wurde. Die Ausgestaltung der Messmethode ist Gegenstand von Kapitel 4.

Die Anordnung des Messaufbaus im Arbeitsraum bedingt, dass Messungen in Nebenzeiten stattfinden. Im Sinne der wirtschaftlichen Nutzung der Fräsmaschine ist also eine möglichst geringe Messhäufigkeit anzustreben. Wie im Stand der Technik dargelegt, eigenen sich datengetriebene, lernende Modelle in besonderem Maße als Ergänzung von maschinen-integrierten Messmethoden. Sie zeichnen sich durch einen geringen bzw. keinen Bedarf an zusätzlichen Sensoren sowie eine hohe Robustheit aus. Zusätzlich erhoffen sich Brecher, Wiesch, Spierling et. al Transparenz und Übertragbarkeit durch den Einsatz lernender Methoden [BREC 21c]. Kapitel 5 widmet sich diesem Einsatz lernender Methoden im Rahmen einer der Modellierung. Dabei sollen die etablierten Modelle auf Basis von Verzögerungsgliedern durch Unscented Kalman Filter automatisch reparametriert werden, was als lernendes Gesamtmodell zu verstehen ist, siehe 2.2.3.

Die Arbeit wird durch die Zusammenfassung der beantworteten Forschungsfragen und den Ausblick auf weitergehende Arbeiten in Kapitel 6 abgeschlossen.

# 4 Messmethode zur prozessaktuellen Erfassung des geometrischen Maschinenzustands

*Process-actual measurement method to determine the thermo-elastic machine state*

Das Kapitel beginnt mit der Vorstellung des verwendeten Messaufbaus sowie der Demonstratormaschine (4.1). Es folgt die Erläuterungen zum Messmodell (4.2), das aus den Rohdaten thermo-elastische Fehler der Maschinenkinematik ableitet. Eine Unsicherheitsanalyse (4.3) und die Messstrategie (4.4) liefern die Eingangsgrößen für die Validierung der Messmethode (4.4). Ein Kapitelfazit (4.5) fasst den Erkenntnisgewinn zusammen.

Das nachfolgende Kapitel wurde bereits auszugsweise in [BREC 21a] und [BREC 22] veröffentlicht.

## 4.1 Messaufbau und Messablauf

*Design of the measurement setup*

In diesem Unterkapitel werden zuerst die Baugruppen des Messsystems definiert und die an sie gerichteten Anforderungen spezifiziert (4.1.1). Es folgen Abschnitte zur Konstruktion der Einzelbaugruppen (4.1.2 bis 4.1.4). Anschließend wird die Signalverarbeitung des Messsystems erläutert (4.1.5) und die Demonstratormaschine, auf der die Messungen durchgeführt wurden, vorgestellt (4.1.6).

### 4.1.1 Definition der Baugruppen und ihrer Anforderungen

*Definition of the assemblies and their requirements*

Bild 3-1 zeigt das Konzept des tischseitigen Messrahmens und des spindelseitigen Messkopfs. Beide werden im Folgenden als eigene Baugruppen behandelt. Kern der tischseitigen Strukturen ist der thermo-stabile Aufbau inklusive des Laserstrahlengangs. Einem direkten Kontakt mit Spänen und / oder Kühlschmierstoff steht die Verwendung der Pentaprismen entgegen. Neben den beiden für die Messung verantwortlichen Baugruppen wird somit eine Einhausung zum Schutz als weitere Baugruppe im Bereich des Maschinentischs benötigt. Das Gesamtsystem besteht also aus den Baugruppen „Messkopf“ (vgl. 4.1.2), „Messrahmen“ (vgl. 4.1.3) und „Einhausung“ (vgl. 4.1.4). Das Messsystem ist in Bild 4-1 dargestellt. An diese Baugruppen bestehen folgende Anforderungen.

Ziel der Messmethode ist die Erfassung des thermo-elastischen Maschinenverhaltens. Dafür werden relativen Verlagerungen zwischen dem Messkopf mit den PSD und dem Messrahmen bestimmt. Damit das Messergebnis nur die gesuchten Größen enthält, soll der Messaufbau thermo-stabil und der Strahlengang möglichst frei von Schwankungen sein [SCHÜ 71].

Die Schwankungen des Strahlengangs infolge nicht konstruktionsbezogener Einflüsse werden in Unterkapitel 4.3 im Rahmen der Messunsicherheitsanalyse vertiefend betrachtet.

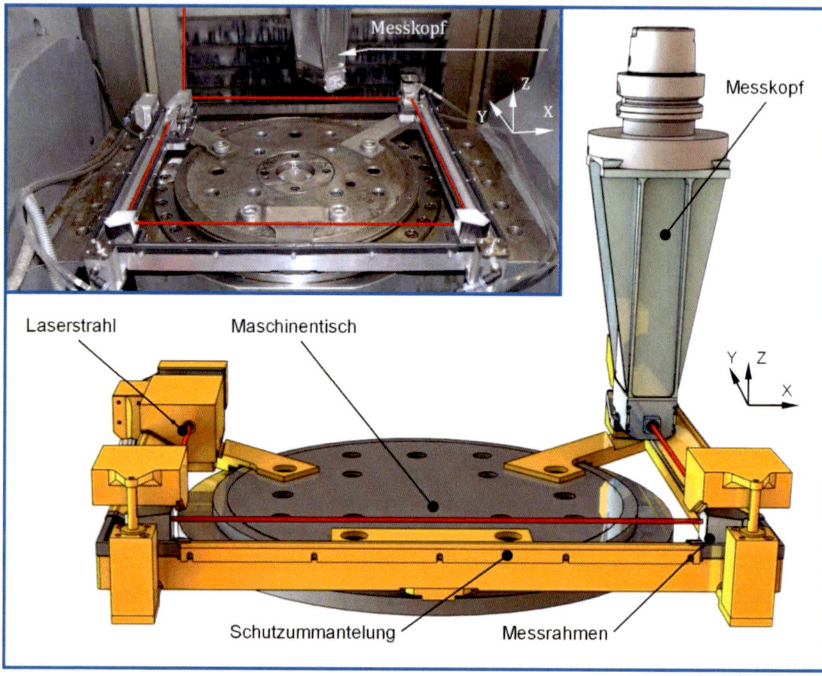


**Bild 4-1: Messsystem**

*Measurement system*

Ein Messkopf und -rahmen mit vernachlässigbar kleiner temperaturbedingter Dehnung stellen dabei sicher, dass diese gemessenen Änderungen dem thermo-elastischen Maschinenverhalten zuzuschreiben sind, siehe 4.1.2 und 4.1.3.

Außerdem garantiert der thermo-stabile Rahmen, dass eine Wechselwirkung zwischen dem Strahlengang und der Rahmenkonstruktion ausgeschlossen ist. Der Messrahmen muss auf dem Maschinentisch definiert und nicht verspannt gelagert werden. Daraus ergibt sich, dass beim Auftreten tischseitiger Verformungen keine damit einhergehenden mechanischen Verspannungen des Messrahmens auftreten, die den Strahlengang beeinflussen. Absatz 4.1.3 behandelt die Erfüllung der genannten Anforderungen durch die Konstruktion des Messrahmens.

Um die Kompatibilität des Messsystems mit unterschiedlichen Maschinen zu gewährleisten, ist eine modulare Bauweise des Rahmens und der Einhausung wünschenswert, damit die Anpassung an verschiedene Arbeitsraumgrößen einfach möglich ist, siehe 4.1.3 und 4.1.4.

Darüber hinaus soll für Wartungsarbeiten die Transportfähigkeit für den Messrahmen gegeben sein. Die Einhausung soll deshalb einfach zu öffnen sein, siehe 4.1.4.

Außerdem soll eine Lagerung des Messkopfes im Werkzeugmagazin ermöglicht werden, um einen Einsatz gemäß der industriellen Praxis sicherzustellen, siehe 4.1.2.

### 4.1.2 Baugruppe Messkopf

*Measurement Head Assembly*

Der Messkopf detektiert mit den verbauten PSD die Position des auftreffenden Laserstrahls relativ zum Nullpunkt der jeweiligen PSD. Eine verbaute Elektronik verarbeitet und digitalisiert die Signale und übermittelt diese an den Messrechner. Die Signalverarbeitung der PSD wird in Abschnitt 4.1.5 behandelt. Als Anforderung an den Messkopf wurde definiert, dass er sich selbst nicht in einem relevanten Maß dehnt, weil dies durch das Messverfahren als Dehnung der Maschine fehlinterpretiert werden kann. Der in Bild 4-2 dargestellte Messkopf ist aus Invar ($Fe_{64}Ni_{36}$) gefertigt. Der thermo-elastische Ausdehnungskoeffizient $\alpha_{th}$ von Invar beträgt 1,7 µm/(m·K) und der Werkstoff ist deshalb besonders für Messwerkzeuge geeignet [BRYA 68]. Für die Länge von 193 mm von der Werkzeugschnittstelle bis zur Befestigung der unteren PSD ergibt sich damit 0,33 µm/K thermo-elastische Dehnung. Der Arbeitstemperaturbereich des Systems in einer Werkzeugmaschine wird für die Konzeption auf 15-35°C (20 K) geschätzt. Die mögliche resultierende Dehnung von 6,66 µm ist nicht akzeptabel. Daher enthält der Messkopf zusätzlich einen Temperatursensor (Platin-Temperatur-Messwiderstand mit 100 Ω Nennwiderstand (PT100)) auf dessen Basis eine lineare Korrektur der Länge in Z-Richtung nach Gleichung (4-1) durchgeführt wird.

$$\Delta l = \Delta T \cdot l_0 \cdot \alpha_{th} \tag{4-1}$$

Die nichtlineare thermo-elastische Dehnung wird vernachlässigt. Das Messkopfgehäuse ist in der X-Z-Ebene und der Y-Z-Ebene thermo-symmetrisch, um ebendiese Dehnungsanteile infolge unterschiedlicher Querschnitte zu minimieren. [MÖHR 15]; [MAYR 12]; [HOPM 17]

Weiterhin lässt sich der Messkopf durch die Nutzung des HSK-T 63 Adapters an der Werkzeugschnittstelle der Maschine befestigen. Es wurde die T-Variante der HSK-Schnittstelle gewählt, da diese ein reduziertes Drehspiel um die Hauptachse aufweist. Außerdem ist für die Handeinwechselung im Versuchsbetrieb eine sehr hohe Einwechselwiederholgenauigkeit möglich (Standardabweichungen: radial max. 0,21 µm; axial < 0,5 µm, einseitig in Verdrehrichtung 10 µm/m). Für einen möglichen industriellen Einsatz im Werkzeugwechsler ist eine konstruktive Erweiterung der Schnittstelle zu prüfen, die das Drehspiel weiter reduziert. Das Gehäuse des Messkopfs ist mit einer geklemmten Schwalbenschwanzverbindung mit dem HSK-Adapter verbunden. [WAGN 17]

Zur Erfassung des Laserstrahls sind zwei PSD im unteren Bereich des Kopfes verbaut. Um das einfallende Streulicht bestmöglich abzuschirmen, wurden Deckel verbaut, welche auf der einen Seite Bandpassfilter (Bandbreite 10 nm) aufnehmen und auf der anderen Seite mit einem Schutzrohr ausgeführt sind. Die Bandpassfilter sind auf die Wellenlänge des Lasers ($\lambda$ = 943 nm) ausgelegt. Durch das Schutzrohr wird die Fläche des einfallenden Streulichtes minimiert. Die Wirkung des Filters und des Schutzrohres in Bezug auf Laserlicht, bzw. Streulicht, werden in der Analyse der Messunsicherheit in Unterkapitel 4.3 aufgegriffen.

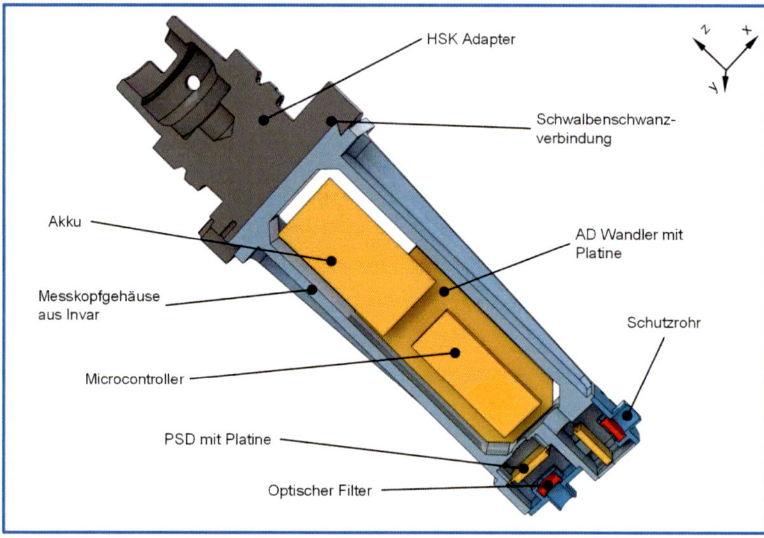


**Bild 4-2: Baugruppe Messkopf**

*Measuring head assembly*

Die zentralen Bauelemente des Messkopfs sind die zwei PSD. Für zweidimensionale PSD existieren zwei Bauformen, duolaterale Dioden und tetralaterale Dioden. Duolaterale Dioden funktionieren analog eindimensionaler PSD. Sie weisen jeweils zwei Elektroden auf Ober- und Unterseite auf, Bild 4-3 (links). Tetralaterale Dioden haben auf der Oberseite vier Elektroden und eine Gegenelektrode auf der Unterseite, Bild 4-3 (rechts). [BREC 17]

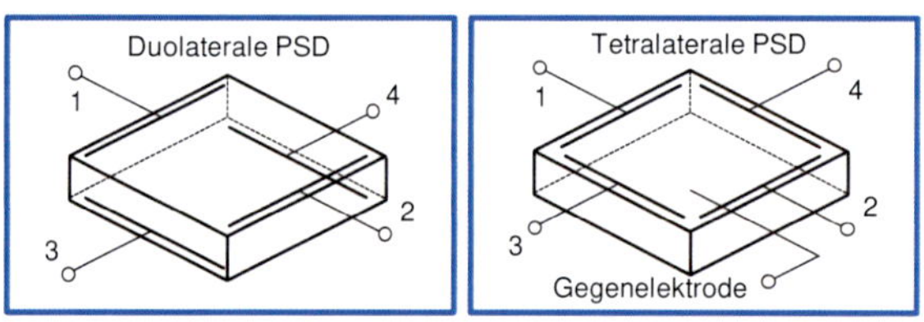


**Bild 4-3: Duolaterale PSD (links) und tetralaterale PSD (rechts) [BREC 17]**

*Duolateral and tetralateral PSD (left) [BREC 17]*

Die Messfläche von tetralateralen Dioden weisen mit zunehmendem Abstand zum Zentrum immer größere Verzerrungen auf. Zudem besteht eine Querempfindlichkeit zwischen den vier Messpunkten. Sie sind für präzise Anwendungen nur bedingt geeignet. Demgegenüber weisen duolaterale Dioden keine Querabhängigkeit und eine hohe Linearität über den gesamten Messbereich auf. Ein beispielhafter Fehlervergleich einer duolateralen PSD mit einer tetralateralen PSD ist in Bild 4-4 dargestellt. Der in demselben Bild dargestellte Fehler einer duolateralen PSD zeigt nur Linearitätsabweichungen kleiner ±0,25 µm. Sie teilen den bei gleichem Halbleitermaterial identischen Photostrom nur in zwei Teilströme statt in vier

Teilströme auf. Der Rauschstrom ist geringer, womit sich ein besseres Verhältnis von Nutzsignal zu Rauschen ergibt. Duolaterale Dioden sind gut für präzise Messungen geeignet, deshalb werden zwei PSD dieses Typs für den Messkopf vorgesehen. [RAHN 13]; [HONG 09]

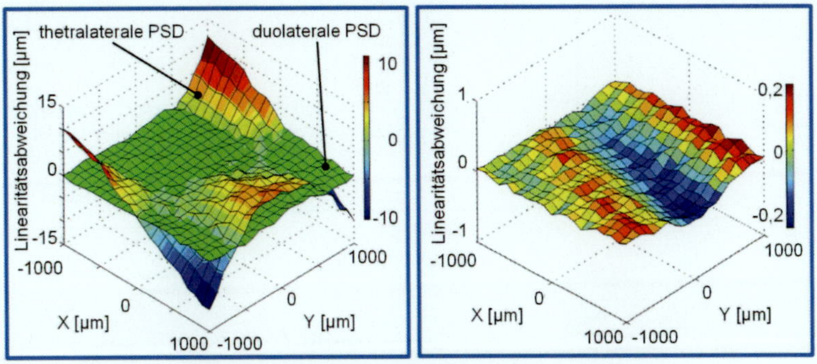


**Bild 4-4:** **Fehlervergleich duolaterale und tetralaterale PSD (links) [RAHN 13], Fehler duolaterale PSD (rechts) [RAHN 13]**

*Compared errors of a duolateral and tetralateral PSD (left) [RAHN 13], Error of duolateral PSD (right) [RAHN 13]*

Die für den Messaufbau ausgewählte duolaterale PSD hat ihre maximale Sensitivität bei 940 nm und eine aktive Fläche von 10 mm x 10 mm. Die Größe der PSD Fläche minimiert den Justageaufwand des Systems [RAHN 13]. Darüber hinaus steht für die Messungen mit 80% der Detektorkantenlängen ein ausreichend großer linearer Messbereich der PSD zur Verfügung (gemäß Herstellerangabe 8 mm x 8 mm). Eine detaillierte Betrachtung der PSD-Fehler erfolgt im Rahmen der Analyse der Messunsicherheit im Unterkapitel 4.3. Damit ist die Anforderung eines Kopfes mit geringer thermo-elastischer Dehnung erfüllt, siehe Unterkapitel 4.1. Die ebenfalls geforderte mögliche Lagerung im Werkzeugmagazin ist durch den HSK-Adapter berücksichtigt. Sie wird für diese wissenschaftliche Arbeit jedoch nicht umgesetzt, da noch kabelgebundene Messtechnik verwendet wird. Für ein mögliches Produkt müsste drahtlose Messtechnik verbaut werden, um diese Anforderung vollständig zu erfüllen.

### 4.1.3 Baugruppe Messrahmen

*Measurement Frame Assembly*

Bild 4-5 zeigt den Aufbau des Messrahmens in der Schutzumhausung. In den Ecken des Rahmens sitzen die vier Pentaprismen. Die Wahl fiel hier auf Pentaprismen statt Spiegeln zur Umlenkung des Strahls. Sie sind besser für thermo-stabile Anwendungen geeignet, lenken einfallende Strahlen definiert rechtwinklig um und weisen keine Sensitivität hinsichtlich kleiner Verdrehungen um die Normale des ein- und austretenden Strahls auf [LYNC 09]. Drei Prismen lenken den Strahl parallel zur Tischebene um, während das zuletzt durchstrahlte Prisma den Strahl senkrecht zur Tischebene umlenkt. Dieses sitzt auf einer gemeinsamen Struktur mit der Laserquelle. Die Verbindung der funktionsrelevanten Pentaprismen erfolgt mit Stäben, da so eine flexible Anpassung des Aufbaus an unterschiedliche Arbeitsraumgrößen möglich ist. Die Pentaprismen sind auf Trägerteile gefügt, an die die Stäbe angeschlagen werden können.

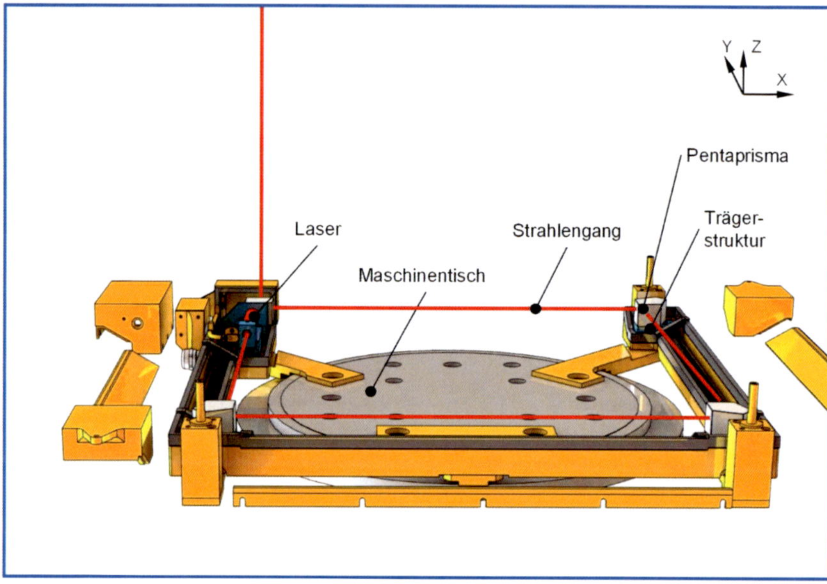


**Bild 4-5: Aufbau der Baugruppen Messrahmen und Umhausung**

*Structure of the measuring frame assembly*

Der auskonstruierte Rahmen ist in Bild 4-6 gezeigt. Um eine definierte Positionierung des Messrahmens normal zur Tischebene zu gewährleisten, ist eine Dreipunktauflage ausgeführt. Die Auflagerpunkte des Messrahmens befinden sich mittig in der horizontalen Verbindung des Rahmens (Auflagepunkt (AP) 1), dem als drittes durchstrahlten Prisma (AP 2) und unter dem Halter für die Laserquelle, als schwerstem Bauteil (AP 3).

Die Verbindung nahe AP 1 besteht aus zwei Stäben und einem Distanzstück. Durch die mittige Lage des Auflagepunkts zwischen zwei Ecken des Rahmens befindet sich unter den angrenzenden Prismen kein Auflagepunkt. Bei einem Gewicht von 138 g respektive einer Gewichtskraft von 1,35 N je Prisma inkl. Trägerstruktur und einer Zielarbeitsraumgröße für mittlere Bearbeitungszentren kleiner einem Meter Kantenlänge wird die Querkraft und die daraus resultierende Verlagerung an den Enden der kurzen Stäbe als vernachlässigbar eingestuft. Diese Einschätzung ist auch der Tatsache geschuldet, dass keine Änderungen der Gewichtskraft auftreten und somit eine Änderung der Prismenposition nicht zu erwarten ist. Darüber hinaus wird durch die in dieser Arbeit vorgesehene Messung im Stillstand keine relevante dynamische Anregung durch die Maschine erwartet, siehe 4.3.2.

Die Trägerstrukturen der Pentaprismen sowie der Laserquelle und das Distanzstück des AP 2 werden aus Invar gefertigt und mit den Prismen verklebt, da Invar gut für Glas-Metall-Übergänge geeignet ist. Es bilden sich an den Verbindungsstellen bei Erwärmung aufgrund ähnlicher Wärmeausdehnungskoeffizienten von Glas und Invar kaum Spannungen. Die genannte Eigenschaft ist für die Verbindung mit den Pentaprismen aus Glas ein weiterer Vorteil. [HOPM 17]

Die Verbindungsstäbe können als Zukaufteile mit thermo-elastischer Nulldehnung beispielsweise von der Firma Zeiss bezogen werden. Die Stäbe der Serie „ThermoFit® Pro" besten aus Titanendstücken mit Gewinden und einem Mittelteil aus CFK und werden regulär in Tastern für Koordinatenmessgeräte verwendet. Die CFK-Wicklung ist auf eine globale thermo-elastische Nulldehnung abgestimmt. Der Zukauf ermöglicht die Nutzung von CFK als Werkstoff ohne aufwändige Fertigung. Die CFK-Stäbe sind formstabil und langlebig. [CARL 18]

Die eingesetzte Laserquelle emittiert Licht mit einer Wellenlänge von 943 nm, was der maximalen wellenlängenbezogenen Sensitivität der PSD entspricht. Ihr Licht ist somit für das menschliche Auge nicht sichtbar. Das Licht wird mit einer gepanzerten Single Mode Glasfaser bis in den Arbeitsraum geleitet, wo es kollimiert wird und aus einem optischen Bauteil als Strahl austritt. Die Grenzwellenlänge der Glasfaser ist < 780 nm. Damit ist das Durchleiten nur für Lichtmoden einer Wellenlänge größer dem genannten Wert sichergestellt, was eine Verschiebung des Lichtschwerpunkts durch mehrere Moden ausschließt [BUNG 17]. Im Arbeitsraum wird der Laserstrahl kollimiert für den Messaufbau zur Verfügung gestellt. Die Kollimation bedingt eine geringe Divergenz, wodurch die Aufweitung des Strahls begrenzt wird.

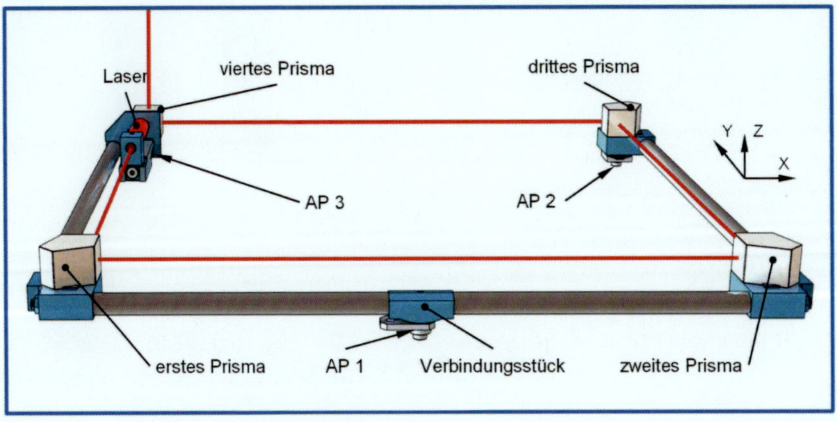


**Bild 4-6:** **Auskonstruierter Messrahmen**

*Design of the measurement frame*

Mögliche Verformungen der Tischebene, könnten bei einer starren Anbindung zu Verformungen des Messrahmens führen. Insbesondere Verbiegungen der Rahmenstruktur infolge einer Verspannung könnten eine nennenswerte Veränderung des Strahlengangs herbeiführen. Diese nähme mit zunehmendem Abstand von der Laserquelle zu. Die unverspannte Lagerung wird sichergestellt, indem die AP als Sphären mit verschiedenen Gegenlagern gestaltet sind, siehe Bild 4-7.

Der Freiheitsgrad normal zum Tisch ist bei allen Punkten eingeschränkt. Die Sphäre des ersten AP ist in einem Ring gelagert. In der Tischebene hat er somit keine Freiheitsgrade. Der zweite AP ist in einer V-Nut gelagert. Die V-Nut ist parallel zur X-Achse ausgerichtet. Ein Verspannen wird durch die mögliche Linearbewegung in einer Dimension verhindert. Der dritte AP liegt auf der Tischebene auf und hat somit Freiheitsgrade in beiden Dimensionen der Tischebene (X, Y). Die Freiheitsgrade der APs zwei und drei verhindern ein Verspannen, da auftretende kleinste Verlagerungen der Auflagerflächen zueinander durch kleinste Bewegungen ausgeglichen werden können. Der Rahmen hat seinen definiert festen Punkt im AP 1 und kann je nach Verlagerung des zweiten APs lineare und rotatorische Bewegungen in der Tischebene ausführen. Dies ist bei der Datenauswertung zu berücksichtigen und zu korrigieren, vgl. Unterkapitel 4.2. Um bei dem geringen Gewicht des Rahmens ein Abheben zu vermeiden, erfolgt mittels weicher Federn eine Anstellung, die die Bewegungsfreiheitsgrade der APs 2 & 3 weiter gewährleistet, dem Rahmen aber ein Verlassen der APs unmöglich macht.

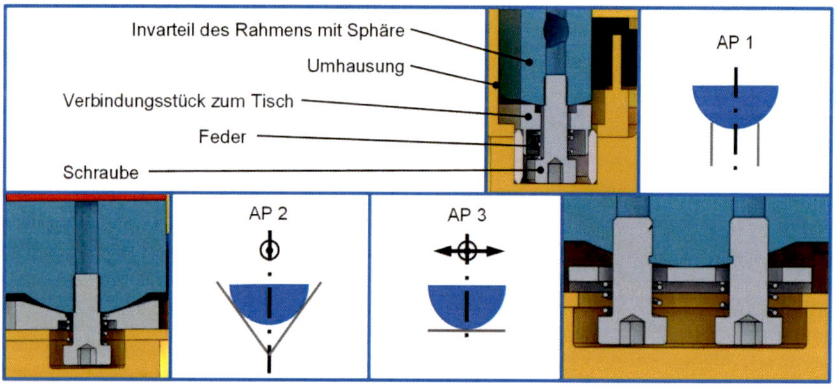


**Bild 4-7:** **Prinzip und Freiheitsgrade der Auflagepunkte**

*Principle and degrees of freedom of the support points*

Hinsichtlich der Anforderungen aus Unterkapitel 4.1 wird festgehalten, dass der Rahmen thermo-stabil konzeptioniert wurde. Eine Wechselwirkung zwischen Rahmen und Strahlengang soll damit ausgeschlossen werden. Die sich ergebende diesbezügliche Unsicherheit wird in Unterkapitel 4.3 behandelt. Der Rahmen wird definiert und nicht verspannt gelagert. Die modulare Bauweise erleichtert die Anpassung auf andere Maschinen.

### 4.1.4 Baugruppe Einhausung

*Housing Assembly*

Die Einhausung soll spanresistent, schmiermittelbeständig, dicht, formstabil und langlebig sein, um den auf sie einwirkenden Spänen und Flüssigkeiten standzuhalten und eine Integration des Messsystems in eine reale Produktionsmaschine zu ermöglichen. Für den zukünftigen Einsatz des Messsystems wäre eine Integration in Strukturbauteile der Maschine denkbar. Außerdem muss der Messrahmen für Wartungsarbeiten leicht zu entnehmen sein.

In Bild 4-8 ist die auskonstruierte Einhausung dargestellt. Aufgrund der guten Verfügbarkeit, Bearbeitbarkeit und Medienbeständigkeit wurde eine Aluminiumlegierung für alle Teile gewählt, die eine beständige Oxidschicht an der Oberfläche bildet [HORN 17]. Einzig die Befestigungsstücke am Tisch, auf denen sich auch die Auflagerpunkte des Messrahmens befinden sind aus Invar gefertigt, um Verlagerungen des Messrahmens zu reduzieren, vgl. Unterkapitel 4.1.3. Schmiermittelbeständige Dichtungen verhindern das Eindringen von Schmutz und Fluiden.

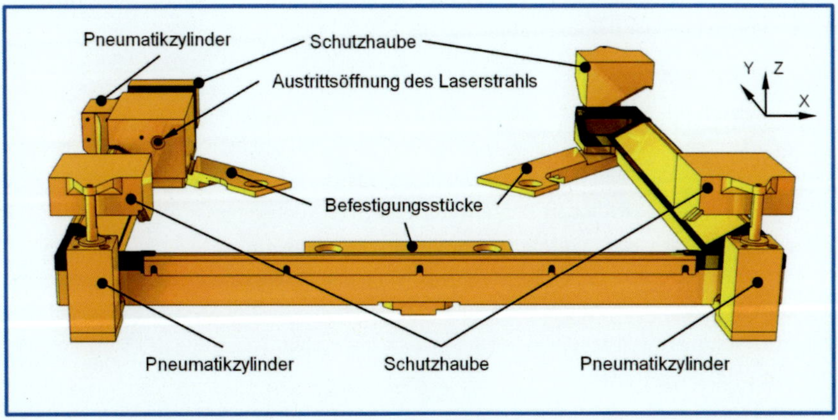


**Bild 4-8:** **Auskonstruierte Einhausung**

*Design of the housing*

Um eine Messung zu ermöglichen sind die Pentaprismen unter Schutzhauben platziert, die sich für eine Messung öffnen. Die Aktorik ist dabei pneumatisch angetrieben, um eine Wärmeeinbringung in den Messrahmen, z. B. durch Verlustleistungen von elektrischen Antrieben, zu unterbinden. Außerdem ist die Austrittsöffnung der Laserstrahlquelle von innen verschlossen, um das Eindringen von Schmutz und Medien zu verhindern. Die Abdeckung der Stäbe ist abnehmbar, um eine gute Zugänglichkeit für Wartungszwecke zu ermöglichen.

### 4.1.5 Signalverarbeitung der PSD

*Signal Processing of the PSD*

Der Messkopf ist an der Hauptspindel befestigt. Bei einer Messung trifft der Laserstrahl auf eine der beiden PSD. Aufgrund des entstehenden Photostroms werden an den Signalausgängen vier analoge Signale (±12 V) ausgegeben. Dabei sind jeweils zwei Ausgänge $X_1$ und $X_2$ bzw. $Y_1$ und $Y_2$ einer Koordinatenrichtung zugeordnet. Nach Gl. (4-2) und Gl. (4-3) ergeben sich die Ausgangswerte der beiden Koordinatenrichtungen aus den jeweiligen Rohsignalen und der halben Länge der aktiven Fläche der PSD $l_{PSD}$. Die Ausgangswerte geben die geometrische Position des Lichtschwerpunktes relativ zum Nullpunkt der PSD wieder. Die Länge der aktiven Fläche beträgt für die verbauten PSD 8 mm. Die Auflösung der Längenmessung beträgt 0,1 µm.

$$x_{PSD} = \frac{l_{PSD}}{2} \cdot \frac{X_1 - X_2}{X_1 + X_2} \tag{4-2}$$

$$y_{PSD} = \frac{l_{PSD}}{2} \cdot \frac{Y_1 - Y_2}{Y_1 + Y_2} \tag{4-3}$$

Die Signalübertragung von der PSD bis zum Analog-Digital-Wandler (AD-Wandler) erfolgt mit einem geschirmten Kabel. Die Anbringung des AD-Wandlers am Spindelkasten der Maschine stellt einen kurzen Übertragungsweg der Spannungssignale sicher. Das Kabel ist kürzer als 1 m.

### 4.1.6 Vorstellung der Demonstratormaschine

*Presentation of the demonstrator machine*

Als Demonstratormaschine für diese Arbeit wurde eine Fräsmaschine mit zwei Arbeitsräumen gewählt. Der genutzte Arbeitsraum verfügt über drei Linearachsen und zwei tischseitige Schwenkachsen, siehe Bild 4-9. Die Kinematik der Maschine ist nach [ISO 10791-6] Annex B durch [wC'A'bXYZt] beschrieben. Die Untersuchungen im Kontext dieser Arbeit beziehen sich nur auf die Linearachsen des rechten Arbeitsraums, die Schwenkachsen werden nicht genutzt. Im Bearbeitungsprozess wird die A-Achse hydraulisch und die C-Achse mechanisch geklemmt, nachdem die Positionierung des Werkstücks abgeschlossen ist. Der Messaufbau ist auf dem Rundtisch montiert. Die Maschine ist mit einer numerischen Steuerung des Software Typs Siemens 840D ausgestattet.

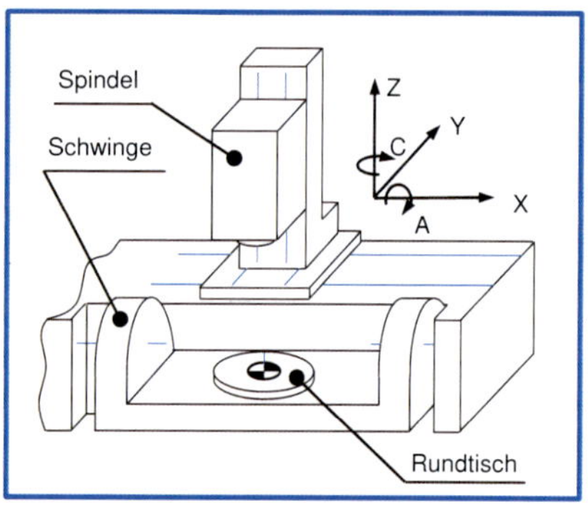


**Bild 4-9: Schematische Darstellung des Achsaufbaus der Demonstratormaschine**

*Schematic illustration of the demonstrator machine's axes composition*

Je translatorischer Achse ist ein absolut messender Glasmaßstab verbaut. Dieser Glasmaßstab aus DIADUR weist einen thermischen Ausdehnungskoeffizienten von $\alpha_{th}$ =8 µm/(m·K) und eine Genauigkeitsklasse von ±5 µm auf. [DIN 1319] definiert, dass die Messabweichung des Messgeräts innerhalb der Grenzen der Genauigkeitsklasse liegt. Je Glasmaßstab ist ein Temperatursensor appliziert, der die Temperaturänderung des Maßstabs erfasst, um diesen Einfluss gemäß Gl. (4-1) zu quantifizieren. Die Achslängen, -geschwindigkeiten und die Spindelleistung sind in Tabelle 4-1 aufgelistet.

Die verbaute Werkzeugspindel ist mit einer Medienversorgung ausgestattet, welche eine Zerspanung mit zusätzlichem Kühlschmierstoff ermöglicht.

**Tabelle 4-1: Kenndaten der Demonstratormaschine**

*Characteristics of the demonstrator machine*

| | |
|---|---|
| Verfahrweg X-Achse | 450 mm |
| Verfahrweg Y-Achse | 630 mm |
| Verfahrweg Z-Achse | 550 mm |
| Verfahrweg A-Achse | ± 100° |
| Verfahrweg C-Achse | 360° |
| max. Vorschub X-Achse | 60 m/min |
| max. Vorschub Y-Achse | 40 m/min |
| max. Vorschub Z-Achse | 60 m/min |
| max. Vorschub A-Achse | 20 $min^{-1}$ |
| max. Vorschub C-Achse | 60 $min^{-1}$ |
| Spindelmoment im S1 Betrieb nach EN60034-1 | 45 Nm (5.200 $min^{-1}$)<br>12 Nm (20.000 $min^{-1}$) |
| Spindelmoment im S6 Betrieb nach EN60034-1 | 74 Nm (5.200 $min^{-1}$)<br>14 Nm (20.000 $min^{-1}$) |

## 4.2 Aufbau des Messmodells

*Setup of the measurement model*

Für das Verständnis des Messmodells ist die Kenntnis des Ablaufs einer Messung von zentraler Bedeutung. Dieser Ablauf sowie die darauf aufbauende Messstrategie werden in Abschnitt 4.2.1 präsentiert. Die Berechnungen zur Auswertung der Messungen werden in Abschnitt 4.2.2 vorgestellt.

### 4.2.1 Messablauf und Messstrategie

*Measurement procedure and measurement strategy*

Exemplarisch ist der auf dem Maschinentisch platzierte Messrahmen mit dem in fünf Segmente eingeteilten Strahlengang des Lasers in Bild 4-10 dargestellt. Eine Messung mit dem in 4.1 vorgestellten Messaufbau besteht aus Einzelmessungen in den fünf Strahlsegmenten. Es werden je Segment die beiden Geradheiten orthogonal zur Vorschubrichtung mittels einer direkten Messung erfasst. Alle weiteren Betrachtungen in diesem Kapitel beziehen sich auf das hier verwendete Koordinatensystem der Demonstratormaschine aus Abschnitt 4.1.5. Die in der Spindel platzierten PSD fahren gemäß [ISO 230-1] nacheinander diskrete Messpunkte je Segment an. Dabei müssen je Segment mindestens fünf Messpunkte platziert werden, um die Vorgaben der [ISO 230-2] für Geradheitsmessungen zu erfüllen. Die Messung beginnt im ersten Segment. Die Bewegungsrichtung ist dabei entlang der Strahlpropagation. Nach Abschluss des ersten Segments wird der Messkopf um 90° gedreht und die Messung im zweiten Segment fortgesetzt usw. Die Messung im fünften Segment erfolgt mit der horizontalen PSD. Die Vorschubachsen gemäß dem Koordinatensystem in Bild 4-10, die Vorschubrichtungen der Messung in den Segmenten sowie die Koordinatenrichtungen der gemessenen Geradheiten sind in Tabelle 4-2 aufgeführt.

**Tabelle 4-2: Vorschubachsen & -richtungen sowie Koordinatenrichtungen der Geradheiten einer Messung**

*Feed axis & directions and coordinate directions of the straightnesses*

| **Strahlsegment** | **1** | **2** | **3** | **4** | **5** |
|---|---|---|---|---|---|
| Vorschubachse nach Bild 4-1 | Y | X | Y | X | Z |
| Vorschubrichtung nach Bild 4-1 | - | + | + | - | + |
| Koordinatenrichtungen der Geradheiten | X, Z | Y, Z | X, Z | Y, Z | X, Y |

Beim Durchfahren der Einzelsegmente wird jeweils nur eine Verfahrrichtung der Achse untersucht. Die Messung von möglichen Umkehrspielen ist durch das Erfassen einer zweiten Verfahrrichtung möglich. Dies ist jedoch nur sinnvoll, falls die Maschine eine Veränderung der Umkehrspiele infolge des thermo-elastischen Verhaltens zeigt. Damit würde auch eine Verdopplung der Messzeit einhergehen. Für diese Arbeit ist keine relevante Veränderung der Umkehrspiele messbar gewesen.

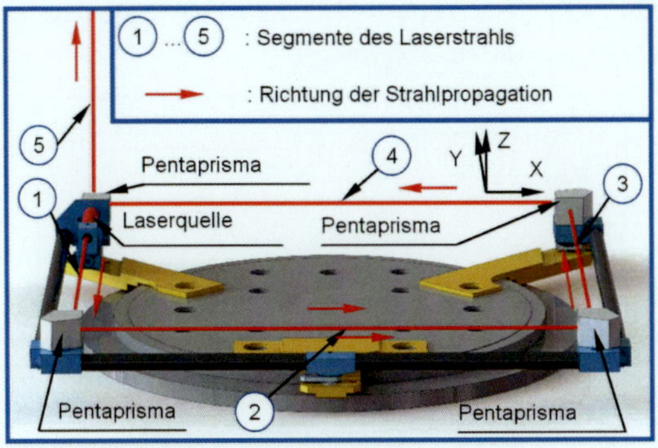


**Bild 4-10:** **Segmente des Laserstrahlengangs**

*Segments of the laser beam*

Durch die Messstrategie sind die Anzahl der Messpunkte je Segment sowie die Verweilzeit je Messpunkt zu definieren. Nach Pfeifer müssen im Rahmen einer Messstrategie die Aspekte Fehlereinflüsse, Flexibilität und Zeit einer Messmethode minimiert werden [PFEI 10]. Weitere Randbedingungen werden für den konkret vorliegenden Fall durch die bereits aufgeführten Normen vorgegeben. Es werden elf Messpunkte je Segment (bzw. sieben Messpunkte in Segment eins) gewählt.

Die Verweilzeit auf einem Messpunkt hängt von der notwendigen Messdauer je Punkt ab. Eine längere Verweilzeit je Messpunkt ermöglicht eine Mittelung einer größeren Anzahl von Messwerten. Dadurch wird der Einfluss des Messrauschens reduziert. Die längere Verweilzeit je Messpunkt erhöht demgegenüber aber auch die Gesamtmessdauer.

Um den Rauscheinfluss der PSD zu reduzieren, werden die Rohsignale mit einem gleitenden Mittelwertfilter geglättet, bevor sie weiterverarbeitet werden. Es muss also eine Fensterbreite für diesen Mittelwertfilter bestimmt werden. Dabei muss die Verweilzeit mindestens der Fensterbreite entsprechen, um keinen Störeinfluss der Verfahrbewegung auf die Messung zu erzeugen. In der Praxis ist die Verweilzeit größer als die Fensterbereite, damit die Maschine zu Beginn der Messung ausgeschwungen ist.

Für die Bestimmung der Fensterbreite wurden beispielhafte Signale mit 100 Hz Samplefrequenz aufgezeichnet. Das Rauschen der ungefilterten Signale ist normalverteilt, was die Auswertung mit der Standardabweichung zulässt. Für zwei exemplarische Signale ist die Standardabweichung des gefilterten Signals über die Fensterbreite in Bild 4-11 aufgetragen. Eine Fensterbreite von einer Sekunde führt zu Standardabweichungen von unter 0,2 µm, was als akzeptabel beurteilt wird. Es wird eine Verweildauer von zwei Sekunden je Messpunkt und eine Fensterbreite von 1,5 Sekunden respektive 150 Messwerten gewählt. Die Messdauer der Gesamtmessung liegt damit unterhalb von 4 Minuten. Das abgedeckte Messvolumen auf der Demonstratormaschine (vgl. 4.1.5) ist in X 184 mm lang, in Y 167 mm lang und in Z 350 mm lang. Die in Summe zehn direkt erfassten Geradheiten bilden die Grundlage für die Berechnung weiterer Fehler durch das Messmodell.

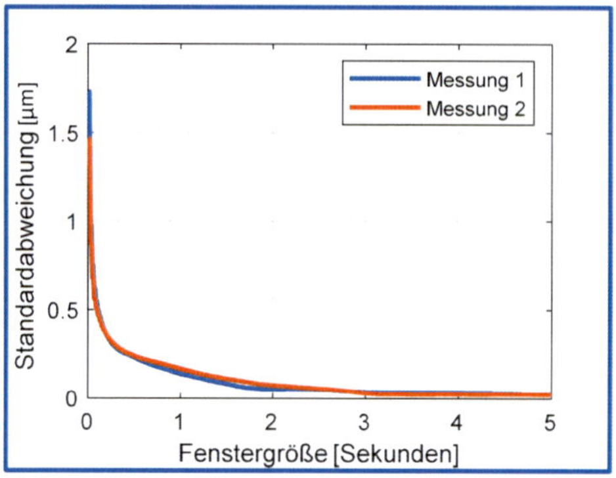


**Bild 4-11: Standardabweichung des gefilterten Signals**

*Standard deviation of the filtered signal*

### 4.2.2 Auswertung der thermo-elastischen Fehler

Ziel des Messsystems ist die Bestimmung thermo-elastischer Fehler linearer 3-Achs Fräsmaschinen-Kinematiken mittels PSD. Bisherige Ansätze zur direkten Messung einzelner Fehler sind nach Brecher [BREC 17] zur Erfassung von Geradheiten, Rechtwinkligkeiten und Rollfehlern geeignet, siehe Bild 4-12.

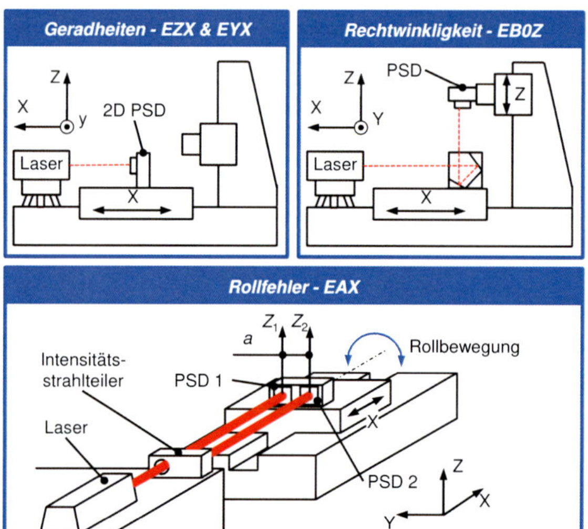


**Bild 4-12: Direkte Fehlermessung mittels PSD [BREC 17]**

*Direct error measurement by means of a PSD [BREC 17]*

Das Messmodell bestimmt diese Fehler aus den zehn Geradheiten, die in den fünf Strahlsegmenten erfasst werden, vgl. 4.2.1. Das Vorgehen gliedert sich dabei in sechs Schritte. Die thermo-elastischen Fehler können als transienter Anteil des statischen Geometriefehlers verstanden werden. Um sie zu bestimmen, wird eine Referenzmessung nach dem Einschalten der Maschine durchgeführt. Alle nachfolgenden Messungen werden im Vergleich zu dieser Messung betrachtet. Für die zehn gemessenen Geradheiten einer Messung $\boldsymbol{s}_{i\ jk}$ ($i$ Nummer der Messung; $j$ Nummer des Segments; $k$ Koordinatenrichtung der gemessenen Geradheit) werden somit zehn Differenzen $\Delta\boldsymbol{s}_{i\ jk}$ zur Referenz $\boldsymbol{s}_{0\ jk}$ berechnet, vgl. Gl. (4-4).

$$\Delta\boldsymbol{s}_{i\ jk} = \boldsymbol{s}_{i\ jk} - \boldsymbol{s}_{0\ jk} \tag{4-4}$$

Für die Messungen werden im nächsten Schritt gemäß [ISO 230-1] Ausgleichgeraden $\boldsymbol{r}_{i\ jk}$ bestimmt. Ein grafisches Beispiel für eine Geradheit und ihre Ausgleichsgerade ist in Bild 4-13 (links) zu sehen. Es sind im Bild nur die fünf Strahlsegmente des Messaufbaus dargestellt, vgl. Bild 4-10. Für klassische direkte Messungen ist der Zweck dieser Korrektur die Elimination der Fehlausrichtung des Lasers entlang der Maschinenachse. Für den vorliegenden Fall ist dieser Fehler bereits durch die Subtraktion der Referenzmessung erfolgt. Die Berechnung der Ausgleichgeraden wird jedoch zur Trennung von Geradheiten und Rechtwinkligkeiten benötigt und daher durchgeführt.

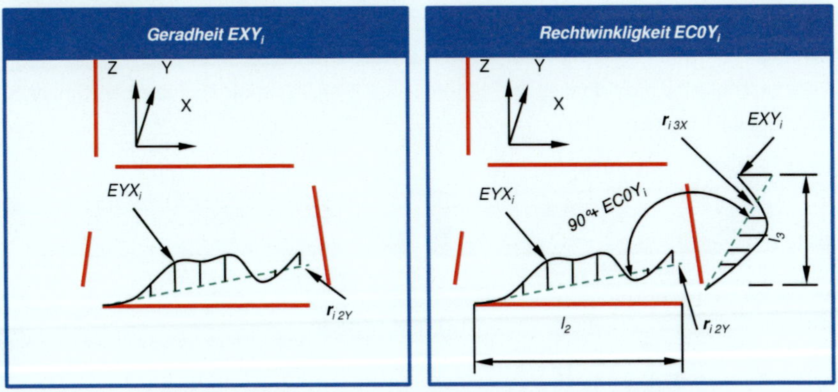


**Bild 4-13: Berechnung Geradheit EXY$_i$ (links) und Rechtwingkligkeit EC0Y$_i$ (rechts) [BREC 21a]**

*Calculation of straightness EXY$_i$ (left) and squareness EC0Y$_i$ (right) [BREC 21a]*

Damit ist eine Ableitung der Geradheiten möglich. Diese werden aus den Messungen der Segmente zwei, drei und fünf bestimmt. Es werden speziell diese Segmente ausgewählt, da sie jeweils das erste vollständige Segment entlang der Maschinenachsen in Strahlpropagationsrichtung sind. Unsicherheitsanteile, die von der Strahllänge abhängen, sind hier also für die jeweilige Achse am geringsten, siehe auch Unterkapitel 4.3. Die Gl. (4-5) bis (4-10) berechnen die sechs Geradheiten der Kinematik.

$$EYX_i = \Delta\boldsymbol{s}_{i\ 2Y} - \boldsymbol{r}_{i\ 2Y} \tag{4-5}$$

$$EZX_i = \Delta\boldsymbol{s}_{i\,2Z} - \boldsymbol{r}_{i\,2Z} \quad (4\text{-}6)$$

$$EXY_i = \Delta\boldsymbol{s}_{i\,3X} - \boldsymbol{r}_{i\,3X} \quad (4\text{-}7)$$

$$EZY_i = \Delta\boldsymbol{s}_{i\,3Z} - \boldsymbol{r}_{i\,3Z} \quad (4\text{-}8)$$

$$EXZ_i = \Delta\boldsymbol{s}_{i\,5X} - \boldsymbol{r}_{i\,5X} \quad (4\text{-}9)$$

$$EYZ_i = \Delta\boldsymbol{s}_{i\,5Y} - \boldsymbol{r}_{i\,5Y} \quad (4\text{-}10)$$

Im nächsten Schritt des Messmodells werden die Rechtwinkligkeiten $EA0Z_i$, $EB0Z_i$ und $EC0Y_i$ aus den Ausgleichsgerade $R_i$ sowie den zugehörigen Segmentlängen $l_{Sj}$ bestimmt, vgl. (4-11) bis (4-13). Den Gleichungen liegt die Kleinwinkelnäherung $tan(\varphi) = \varphi$ zugrunde. Eine Skizze der geometrischen Situation ist beispielhaft für $EC0Y_i$ in Bild 4-14 (rechts) gezeigt.

$$EA0Z_i = \boldsymbol{r}_{i\,3Z}/l_{S3} - \boldsymbol{r}_{i\,5y}/l_{S5} \quad (4\text{-}11)$$

$$EB0Z_i = \boldsymbol{r}_{i\,2z}/l_{S2} - \boldsymbol{r}_{i\,5x}/l_{S5} \quad (4\text{-}12)$$

$$EC0Y_i = \boldsymbol{r}_{i\,2y}/l_{S2} - \boldsymbol{r}_{i\,3x}/l_{S3} \quad (4\text{-}13)$$

Der dritte Schritt ist die Kalkulation des Rollfehlers der X-Achse $EAX_i$. Das Vorgehen wird exemplarisch für $EAX_i$ nachfolgend erklärt. Die Differenz der Messwerte der Segmente 2 und 4 werden durch die Distanz der beiden Segmente $d_{S4S2}$ geteilt, vgl. Gl. (4-14). Der in der Geradheit $EZX_i$ und der Rechtwinkligkeit $EB0Z_i$ enthaltene Achsfehler ist durch die Differenzenbildung nicht doppelt in $EAX_i$ enthalten. Eine Skizze zur Rollfehlerberechnung ist in Bild 4-14 (links) dargestellt.

$$EAX_i = (\Delta\boldsymbol{s}_{i\,4Z} - \Delta\boldsymbol{s}_{i\,2Z})/d_{S4S2} \quad (4\text{-}14)$$

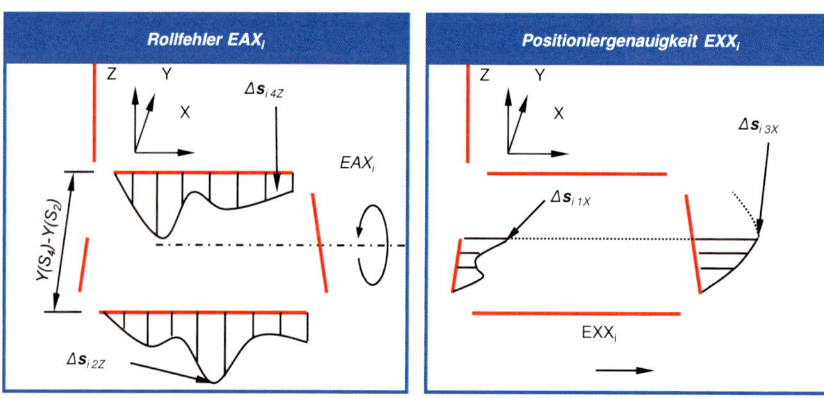


**Bild 4-14: Berechnung Rollfehler EAXᵢ (links) und Positioniergenauigkeit EXXᵢ (rechts) [BREC 21a]**

*Calculation roll error EAXᵢ (left) and positioning error EXXᵢ (right) [BREC 21a]*

Der Rollfehler der Y-Achse $EBY_i$ wird im vierten Modellschritt analog bestimmt, vgl. Gl. (4-15). Seine Berechnung ist dabei durch die reduzierte Länge des ersten Segments begrenzt. $EBY_i$ wird damit nur für den Teil der Y-Achse bestimmt, der durch Segment 1 abgedeckt ist.

$$EBY_i = (\Delta \boldsymbol{s}_{i\,3Z} - \Delta \boldsymbol{s}_{i\,1Z})/d_{S3S1} \tag{4-15}$$

Beide bestimmten Rollfehler enthalten als mögliche relevante Störeinflüsse die Positioniergenauigkeit, Geradheit in der PSD-Ebene und Nickfehler der jeweiligen Verfahrachse. Die Positioniergenauigkeiten verfälschen die Hebellänge $d_{S4S2}$ bzw. $d_{S3S1}$, sind dabei jedoch viel kleiner als die Hebel. Es ist zu erwarten, dass ihr Einfluss nachrangig ist.

Der fünfte Modellschritt erstellt die Positioniergenauigkeit $EXX_i$. Dazu wird die Differenz aus $\Delta S_{1X\,i}$ und $\Delta S_{3X\,i}$ gebildet und gemittelt, vgl. Bild 4-14 (rechts). Für die Werte aus Segment drei werden auch hier nur die Werte verrechnet, die einen korrespondierenden Wert im ersten Segment haben. Die Mittelung ist notwendig, da die Differenz für mehrere Messpunkte existiert, diese jeweils aber orthogonal zur X-Achse entlang der beteiligten Segmente verteilt sind. Die Positioniergenauigkeit der X-Achse wird somit nur für zwei X-Positionen bestimmt, vgl. Gl. (4-16). In der Konsequenz sind nichtlineare Anteile der Positioniergenauigkeit nicht messbar. In den Untersuchungen von Wennemer dominierte jedoch der lineare Anteil eindeutig [WENN 18].

$$EXX_i = \frac{1}{i}\sum_i \Delta \boldsymbol{s}_{i\,1X} - \Delta \boldsymbol{s}_{i\,3X} \tag{4-16}$$

Die Positioniergenauigkeit der Y-Achse wird analog im sechsten und letzten Berechnungsschritt bestimmt, vgl. Gl. (4-17).

$$EYY_i = \frac{1}{i}\sum_i \Delta \boldsymbol{s}_{i\,4Y} - \Delta \boldsymbol{s}_{i\,2Y} \tag{4-17}$$

In Summe bestimmt das Messmodell so 13 der 21 thermo-elastischen Fehler einer 3-Achs-Kinematik. Dabei ist bekannt, dass die Rechtwinkligkeiten und Positioniergenauigkeiten einen besonders großen Anteil des Summenfehlers ausmachen [WENN 18]. Die bestimmten Rollfehler sind sehr wertvoll für eine Korrektur im Volumen. Eine Schwäche des Verfahrens sind die fehlenden Winkelfehler, insbesondere die Abbe-Fehler bedingenden Nickfehler. Dies begründet die besondere Eignung der Methode für kleine und mittlere Fräs-Bearbeitungszentren, die kürzere Abbe-Hebel aufweisen. Dadurch ist der Einfluss der Abbe-Fehler auf den Summenfehler des TCP geringer. Dies erlaubt die Kompensation eines nennenswerten Anteils des thermo-elastischen Gesamtfehlers.

Bei direkten Messungen werden Einzelfehler der bewegten Achsen bestimmt. Der Ansatz dieser Arbeit besteht aus einer Serie größtenteils direkter Messungen. Nur die Bestimmung der beiden Positioniergenauigkeiten $EXX_i$ und $EYY_i$ erfüllt diese Vorgabe nicht, da mehrere Werte gemittelt werden. Der Autor kategorisiert das Verfahren trotzdem als direktes Messverfahren.

Acht thermo-elastische Fehler werden durch die Messung nicht erfasst. Dies stellt eine Schwäche der Methode dar. Die Fehler und ihre sensitiven Richtungen sind in Tabelle 4-3 gezeigt. Da keine sensitive Richtung deutlich öfter genannt wird als die anderen Richtungen, liegt aufgrund der nicht erfassten Fehler keine generelle Schwäche der Methode hinsichtlich einer Richtung vor. Konkrete Auswirkungen der nicht erfassten Fehler hängen vom individuellen Anwendungsfall (Maschine, Bauteil, Bearbeitungsrichtung, etc.) ab.

**Tabelle 4-3: Nicht messbare Fehler und ihre sensitive(n) Richtung(en)**

*Non-measurable errors and their sensitive directions*

| **nicht messbare Fehler** | **EBX** | **ECX** | **EAY** | **ECY** | **EZZ** | **EAZ** | **EBZ** | **ECZ** |
|---|---|---|---|---|---|---|---|---|
| sensitive Richtung(en) | X, Z | X, Y | Y, Z | X, Y | Z | Y, Z | X, Z | X, Y |

## 4.3 Bestimmung der Messunsicherheit

*Determination of the measurement uncertainty*

Die Leistungsfähigkeit der in dieser Arbeit entwickelten Messmethode wird durch die erreichte Messunsicherheit begrenzt. Ziel dieses Unterkapitels ist die Bestimmung der Unsicherheit der Messmethode. Abschnitt 4.3.1 umreißt das Vorgehen, das in Abschnitt 4.3.2 auf die PSD-Messung des entwickelten Messsystem angewendet wird. Darauf aufbauend bestimmt eine Monte Carlo Simulation in Abschnitt 4.3.3 die resultierenden Unsicherheiten der mittels des Messmodells (vgl. 4.2) bestimmten geometrischen Maschinenfehler.

Das nachfolgende Unterkapitel wurde auszugweise bereits in [BREC 21a] und [BREC 22] veröffentlicht.

### 4.3.1 Vorgehen zur Bestimmung der Messunsicherheit der PSD

*Approach to determine the PSD measurement uncertainty*

Zur Bestimmung der Messunsicherheit werden im ersten Schritt mögliche Einflussgrößen identifiziert. Dazu kommt Pfeifers Methode der 5M zum Einsatz. Diese ordnet die Einflussgrößen in die Kategorien Mensch, Messobjekt, Methode, Mitwelt und Messgerät ein. [PFEI 10]

Im nächsten Schritt werden die möglichen Einflüsse näher betrachtet und in nicht relevante und relevante Einflüsse unterteilt. Dies geschieht mittels theoretischer Betrachtungen und / oder experimenteller Untersuchungen. Die nicht relevanten Einflüsse werden vernachlässigt.

Im dritten Schritt werden die als relevant eingestuften Einflüsse quantifiziert und summiert. Dabei kommt das international anerkannte Vorgehen aus dem „Leitfaden für die Angabe der Unsicherheit bei Messungen" (engl. „Guide to the expression of uncertainty in measurement" - GUM) zum Einsatz [JCGM 08b]; [JCGM 08a]. Als Sekundärliteratur zum Leitfaden wird [MIEK 14] empfohlen.

Der Leitfaden bietet dabei zwei Möglichkeiten (Typ A bzw. B) den Unsicherheitsbeitrag einer Einflussgröße zu bestimmen. Die Bestimmung nach Typ A umfasst wiederholte Messungen. Dabei wird aus den einzelnen Messergebnissen $q_k$ ein arithmetischer Mittelwert $\overline{q}$ bestimmt, vgl. (4-18). Der Quotient aus der empirischen Standardabweichung vom Mittelwert $s(q_k)$ und der Wurzel aus Anzahl der Versuche $n$ ergibt dann die Standardunsicherheit $u$, vgl. (4-19).

$$\overline{q} = \frac{1}{n}\sum_{k=1}^{n} q_k \tag{4-18}$$

$$u = \frac{s(q_k)}{\sqrt{n}} = \sqrt{\frac{1}{n(n-1)}\sum_{k=1}^{n}(q_k - \overline{q})^2} \tag{4-19}$$

Die Bestimmung nach Typ B nutzt andere Informationsquellen, z. B. Kalibrierscheine oder Herstellerdatenblätter. Den aus diesen Quellen entnommenen Werten werden Wahrscheinlichkeitsdichteverteilungen zugeordnet. Die für diese Arbeit relevanten Wahrscheinlichkeitsdichteverteilungen sind die Rechteckverteilung sowie die Normalverteilung, siehe Bild 4-15.

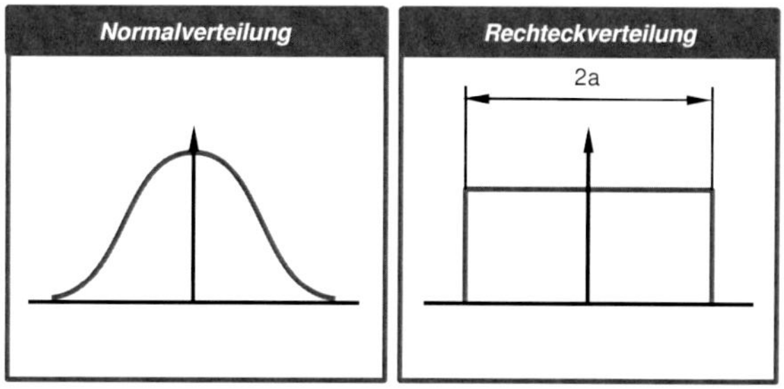


**Bild 4-15: Wahrscheinlichkeitsdichteverteilungen nach [JCGM 08a]**

*Probability density distributions [JCGM08a]*

Die Standardunsicherheit der Rechteckverteilung wird nach (4-20) bestimmt.

$$u_{Rechteckverteilung} = \frac{a}{\sqrt{3}} \tag{4-20}$$

Die Standardunsicherheit der Normalverteilung wird nach (4-21) bestimmt.

$$u_{Normalverteilung} = s \tag{4-21}$$

Nach der Quantifizierung der Einzeleinflüsse wird die kombinierte Standardunsicherheit aller Einzelgrößen berechnet. Für den in dieser Arbeit vorliegenden Fall unkorrelierter Zufallsgrößen werden dazu die Gradienten der Standardunsicherheiten $c_i$ sowie die einzelnen Standardunsicherheiten $u_i$ nach Gl. (4-22) verrechnet.

$$u_c = \sqrt{\sum_{i=1}^{n} (c_i \cdot u_i)^2} \tag{4-22}$$

Zuletzt wird durch die Multiplikation der kombinierten Standardunsicherheit mit dem Erweiterungsfaktor $k$ das Konfidenzintervall festgelegt, vgl. Gl. (4-22). Werte für $k$ sind im Anhang der GUM gegeben [JCGM08a].

$$U = k \cdot u_c \tag{4-23}$$

Für diese Arbeit wird dabei ein Konfidenzintervall von 95,45% (entspricht 2 σ der Normalverteilung) genutzt.

### 4.3.2 Längenmessunsicherheit der PSD-Messung

*Length measurement uncertainty of the PSD measurement*

Dieser Abschnitt beschreibt die Anwendung des in 4.3.1 beschriebenen Vorgehens zur Bestimmung einer erweiterten Längenmessunsicherheit der PSD-Messung. Die Unsicherheit ist die Eingangsgröße für die Monte Carlo-Simulation der Unsicherheiten der erfassten thermo-elastischen Fehler, siehe 4.3.3. Grundlage der Betrachtung sind der Ablauf einer Messung (4.2.1) und die relative Bestimmung der Messgrößen (4.2.2).

**Identifikation möglicher Einflussgrößen**

Es wurden erfahrungsbasiert die in Bild 4-16 dargestellten möglichen Einflüsse auf die Messunsicherheit der Messmethode identifiziert. Pfeiffers 5M der Fertigungsmesstechnik gliedern die Einflussgrößen in die Kategorien Mensch, Messobjekt, Mitwelt, Methode und Messsystem. Es sind keine darüberhinausgehenden Einflüsse bekannt. [PFEI 10]

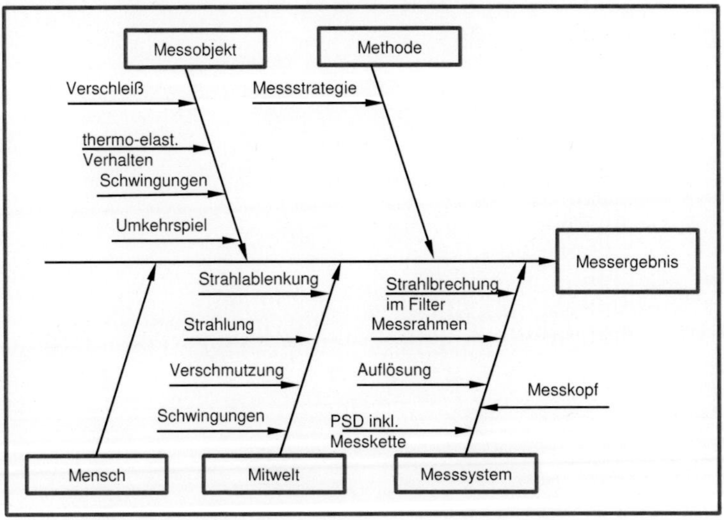


**Bild 4-16: Mögliche Einflussgrößen auf die Unsicherheit der Messmethode**

*Possible variables influencing the uncertainty of the measurement method*

**Identifikation nicht relevanter Einflussgrößen der Unsicherheit der PSD-Messung**

In diesem Abschnitt werden die in Bild 4-16 dargestellten möglichen Einflüsse identifiziert, die keinen Einfluss auf die Messunsicherheit haben.

*Messobjekt - Verschleiß*

Der langfristig an den Komponenten und Baugruppen auftretende Verschleiß der Werkzeugmaschine führt zu einer Abweichung gegenüber der Referenzmessung. Die üblichen Zeitskalen des Verschleißes sind hierbei von den in der Komponentenauslegung berücksichtigten Betriebsstunden abhängig, die üblicherweise im Bereich von 10.000 Stunden und mehr liegen. Da ein Jahr mit 365 Tagen 8760 Stunden aufweist, wird festgelegt, dass die Referenzmessung bei jedem Einschalten der Maschine durchgeführt werden muss bzw. spätestens nach einem Monat Dauerbetrieb wiederholt werden muss. Ein Einfluss durch Verschleiß von Maschinenkomponenten ist dann nicht zu erwarten und wird deshalb nicht in der Messunsicherheit berücksichtigt.

*Messobjekt und Mitwelt – Schwingungen*

Die Erfassung der einzelnen Messpunkte mit der PSD erfolgt nach [ISO 230-1] im Stillstand aller Achsen der Maschine. Darüber hinaus werden die Messergebnisse in der Verarbeitung durch einen Mittelwertfilter (Fensterbreite 150 Werte bei 100 Hz Samplefrequenz) geglättet, siehe 4.2.1. Der Frequenzgang des Filters ist in Bild 2-17 dargestellt. Er weist für Frequenzen größer 5 Hz einen Amplitudenabfall von mindestens -27 dB respektive 96% auf.

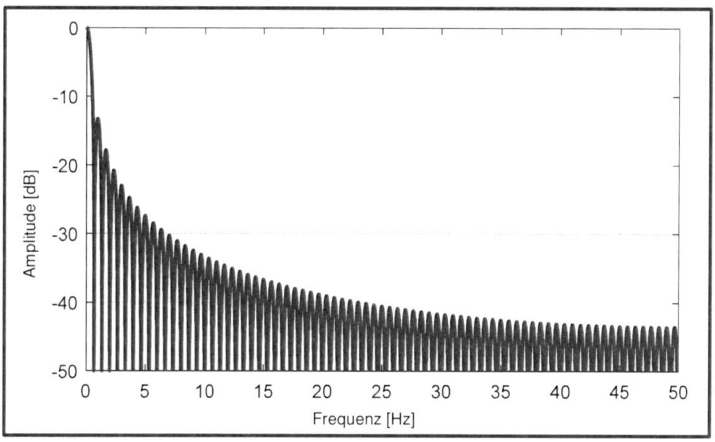


**Bild 4-17: Amplitudengang des verwendeten Mittelwertfilters**

*Amplitude response of the utilized averaging filter*

Mögliche noch vorhandene maschineninterne Impuls- bzw. Schwingungsanregungen zeigen dabei keinen relevanten Einfluss auf die Messergebnisse. Den Effekten maschineninterner und –externer Schwingungen wird daher kein Einfluss auf die Messunsicherheit zugeordnet.

Randbedingung ist hierfür, dass ein Einsatz des Messsystems neben relevanten Schwingungsquellen, wie z. B. Pressen, nicht möglich ist. Die Sorgfaltspflicht hierfür liegt beim Anwender des Systems.

*Mitwelt – Verschmutzung*

Verschmutzungen am Messsystem werden für den Forschungsbetrieb durch eine regelmäßige manuelle Kontrolle unterbunden. Ein Einfluss auf die Messunsicherheit wird daher hier nicht berücksichtigt.

Für den industriellen Einsatz sind hier entsprechende Blenden und ggf. Sperrluft vorzusehen. Eine regelmäßige Kontrolle kann im Wartungsplan der Maschine ergänzt werden.

*Mitwelt - Strahlung*

Die Strahlung der Umgebung ist geeignet, um mögliche Störungen auf der PSD zu erzeugen. Sie wird daher im Folgenden abgeschätzt. Die Umgebungstemperatur wird dabei in einer Werkshalle auf maximal 30°C abgeschätzt. Für eine Abschätzung zur sicheren Seite wird die Umgebung als schwarzer Körper angenommen. Zusammen mit der Nennwellenlänge des Lasers von 940 nm ergibt sich nach dem Plankschen Verteilungsgesetz Gl. (4-24) eine flächen- und bandbreitenbezogene Strahlungsleistung $\dot{q}''_{\lambda s}$ von $5{,}97 \cdot 10^{-8}$ W/m³.

$$\dot{q}''_{\lambda s} = (c_1 \cdot \lambda^{-5})/e^{c_2/(\lambda \cdot T)} - 1 \text{ mit } c_1 = 3{,}741 \cdot 10^{-16} Wm^2, c_2 = 1{,}439 \cdot 10^{-2} mK \quad \textbf{(4-24)}$$

Die vor den PSD verbauten optischen Filter haben eine Bandpassbreite von 10 nm, was die flächenbezogene Strahlungsleistung von $5{,}97 \cdot 10^{-16}$ W/m² ergibt.

Aus der geometrischen Situation der verbauten PSD hinter dem Schutzrohr und dem optischen Filter kann mittels des Strahlensatzes eine emittierende Fläche von $1{,}00 \cdot 10^{-6} \cdot l_2^2$ bestimmt werden, siehe Bild 2-18. Bei einem Abstand der Maschine von 1000 m zur abstrahlenden Fläche ergibt sich eine einfallende Strahlungsleistung von $5{,}97 \cdot 10^{-16}$ W. Der Abstand bzw. die Strahlerfläche sind durch die Überschreitung der Dimension einer regulären Werkshalle zur sicheren Seite abgeschätzt. Die minimale Laserleistung ist mit $10^{-7}$ W neun Zehnerpotenzen größer. Der Einfluss von Schwarzkörperstrahlung aus der Umgebung kann somit vernachlässigt werden.

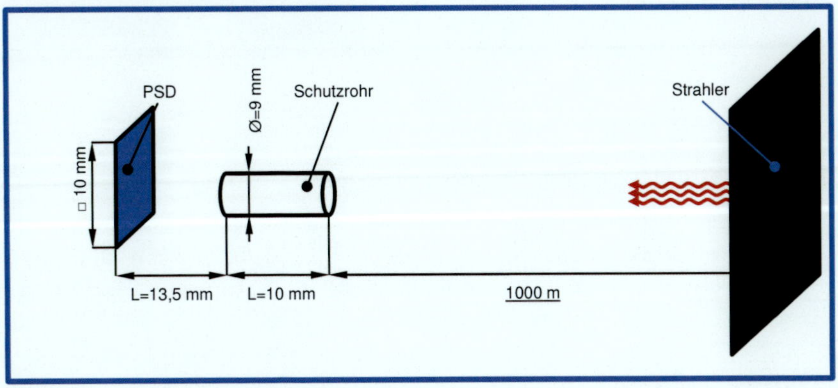


**Bild 4-18: Einbausituation der PSD**

*Mounting situation of the PSD*

Einfallendes Sonnenlicht weist aufgrund der Temperatur der Sonnenoberfläche einen deutlich größeren Energiegehalt auf. Direkte bzw. reflektierte Sonneneinstrahlung auf die PSD ist daher nicht zulässig, da Sie einen stabilen wahrscheinlich verfälschenden Einfluss auf das Längenmessergebnis hätte, siehe Bild 4-19.

*Mensch*

Da die Messung vollautomatisch abläuft, besteht kein Einfluss durch Menschen.

*Messstrategie*

Die Messstrategie leitet auf Basis der einzelnen PSD-Messungen die erfassten geometrischen Fehler ab, vgl. Abschnitt 4.2. Die für die PSD bestimmte Unsicherheit fließt in die Monte Carlo Simulation der Messstrategie in Abschnitt 4.3.3 ein und bildet sich in den Unsicherheiten der Einzelfehler ab. Der Einfluss der Messstrategie auf die Längenmessunsicherheit der PSD wird somit berücksichtigt.

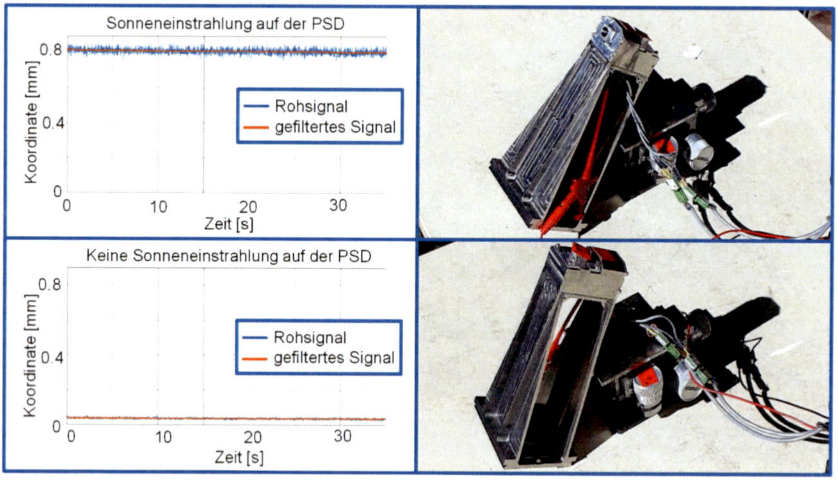


**Bild 4-19:** **Sonneneinstrahlung auf der PSD**

*Solar radiation on the PSD*

### Quantifizierung und Summation relevanter Einflussgrößen

Durch die im vorherigen Abschnitt ausgeschlossenen Einflüsse reduzieren sich die relevanten Einflussgrößen auf die Längenmessunsicherheit der PSD auf die in Bild 4-20 gezeigten Einflüsse. In diesem Unterkapitel werden für die genannten Punkte jeweils Unsicherheiten quantifiziert.

*Messsystem – Auflösung*

Die Auflösung der PSD-Messung beträgt 0,1 µm. Durch die gleitende Mittelwertfilterung der Rohsignale (vgl. 4.2.1) ist jedoch die Abbildung diverser Zwischenwerte möglich. Die Abweichung benachbarter Werte im Stillstand liegt dabei bei weit unter ±0,1 µm, siehe Bild 4-21. Der Effekt wird mit dem zuvor genannten Wert zur sicheren Seite berücksichtigt. Als Verteilung wird eine Rechteckverteilung (vgl. 4.3.1) angenommen, womit sich der Beitrag zur Messunsicherheit $u_{Auflösung}$ nach (4-19) mit 0,06 µm ergibt.

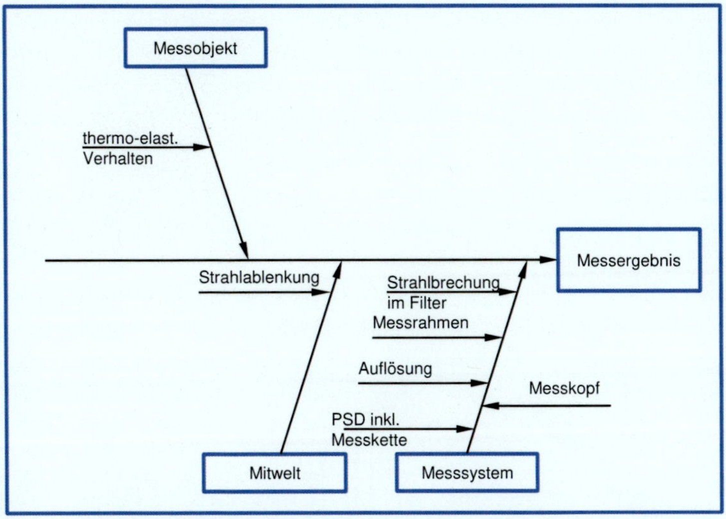


**Bild 4-20: Einflussgrößen auf die Unsicherheit der Messmethode [BREC 22]**

*Variables influencing the uncertainty of the measurement method [BREC 22]*

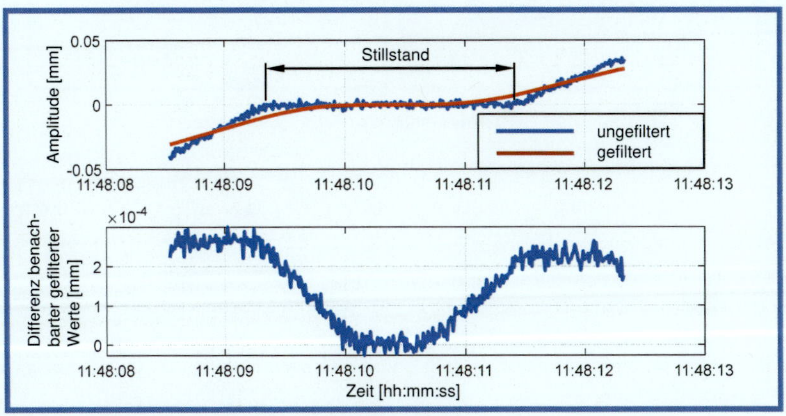


**Bild 4-21: Gefilterte Beispielmessung PSD [BREC 22]**

*Filtered exemplary PSD measurement [BREC 22]*

*Messsystem – Systemverhalten Messrahmen*

Der in 4.1.3 beschriebene Messrahmen besteht aus Pentaprismen aus Glas, die auf Trägern aus Invar gefügt sind, welche mit Carbon-Stäben mit Titanendstücken verbunden sind, vgl. 4.1.3. Eine lineare thermo-elastische Dehnung der an Justageflächen ausgerichteten Prismen hat keinen Einfluss auf ihre Funktion. Die Carbon-Stäbe weisen laut Hersteller keine thermo-elastische Dehnung auf, da sie eine auf die Dehnung der Titanendstücke abgestimmte

Wicklung haben und werden daher nicht berücksichtigt. Die Träger aus Invar weisen einen thermo-elastischen Dehnungskoeffizenten von 1,7 µm/(m·K) auf. Nach Brian beträgt die Unsicherheit solcher Koeffizienten bis zu ±25%, was ±0,43 µm/(m·K) entspricht [BRYA 68]. Zur sicheren Seite abgeschätzt ergeben sich also 2,13 µm/(m·K).

Der Abstand der Anschlagfläche der Carbon-Stäbe zum Anbringungspunkt des Pentaprismas beträgt 18 mm (X und Y) bzw. 5 mm (Z), siehe Bild 4-22. In X- und Y-Richtung existieren jeweils zwei Träger je Rahmenkante. Vereinfachend wird nur die X-Richtung als Dimension mit dem größten Fehler für alle Richtungen verallgemeinert betrachtet. Darüber hinaus muss in X-Richtung noch der 30 mm lange AP 1 berücksichtigt werden. Es bestehen also 0,066 m thermo-elastische Dehnlänge, was 0,14 µm/K temperaturbezogene Dehnung ergibt.

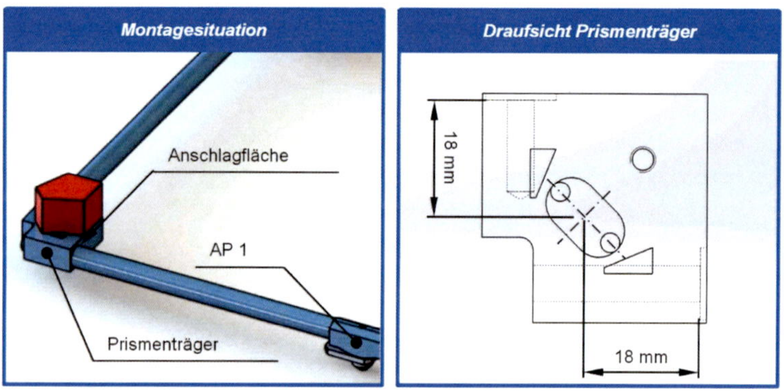


**Bild 4-22** **Montagesituation Pentaprisma [BREC 22]**

*Mounting situation pentaprism [BREC 22]*

Die Temperaturschwankung im Messkopf wurde über fünf Tage erfasst, siehe Bild 4-23. Es bildet sich eine Schwankungsbreite von 1,7 K bzw. ±0,85 K ab. Es wird eine Unsicherheit der Messkette von ±0,41 K addiert, womit sich ±1,26 K ergeben. Darauf aufbauend werden 0,12 µm mögliche thermo-elastische Dehnung zur sicheren Seite abgeschätzt.

Für die Annahme einer Normalverteilung und der Anwendung von Gl. (4-21) beträgt die Unsicherheit $u_{Messrahmen} = 0{,}12\ \mu m$. Sie wird zur Vereinfachung für alle drei Raumrichtungen verwendet.

*Messsystem – Systemverhalten Messkopf*

Eine thermo-elastische Dehnung des PSD-Messkopfes in Z-Richtung beeinflusst die Messergebnisse, da diese auf einem Vergleich der aktuellen Messung mit einer Referenzmessung basieren, siehe 4.2.2. Die Dehnung beeinflusst dabei direkt die Messung der vertikalen PSD in Z-Richtung sowie indirekt über einen Fehler höherer Ordnung beide Messungen der horizontalen PSD im Falle eines von der Z-Achse abweichenden Laserstrahls.

Der Fehler höherer Ordnung ist für die zu erwartenden Dehnungen im Bereich von Mikrometern vernachlässigbar. Der Fehler der vertikalen PSD wird auf Basis eines Temperatursensors linear korrigiert, vgl. Abschnitt 4.1.3. Nachfolgend wird der Beitrag des Fehlers dieser Korrektur zur Unsicherheit quantifiziert.

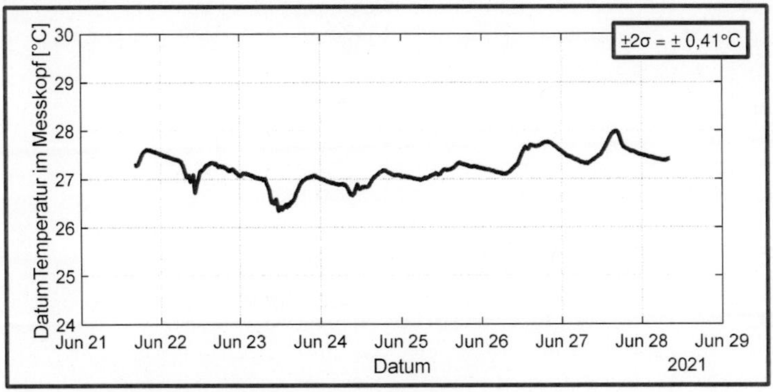


**Bild 4-23: Temperaturschwankung im Messkopf [BREC 22]**

*Temperature variations inside the measurement head [BREC 22]*

Die zur Korrektur verwendete Gl. (4-1) baut auf dem materialspezifischen Dehnungskoeffizienten für Invar, der Temperaturdifferenz und der Dehnlänge auf. Von der Plananlage der HSK-Schnittstelle zur Anbringungsebene der vertikalen PSD beträgt das Längenmaß 193 mm. Es ergeben sich 0,32 µm/K ±0,08 µm/K temperaturbezogene Dehnung, wobei 0,08 µm/K dem maximalen Fehler des Dehnungskoeffizienten entsprechen. Der Fehler der Temperaturmessung setzt sich aus dem Fehler des PT 100 Fühlers ±0,25 K (Klasse A nach IEC 751 – [DIN EN 60751]; gültig für Temperaturen im Intervall ±50°C) und dem Fehler der Messkette von ±0,1 K (Messbereich 0 bis +60°C) zusammen. Die Dehnlänge des Messkopfes entsteht bei der Fertigung des Grundkörpers beim Fräsen. Ihr Fehler wird mit ±0,05 mm zur sicheren Seite abgeschätzt.

Eine Messung der Messkopftemperatur auf der Innenseite über fünf Tage ergibt eine Temperaturschwankung von ±0,85 K, siehe Bild 4-23. Die maximale Schwankung wird hier mit ±2 K zur sicheren Seite abgeschätzt.

Die aufgeführten Einzelfaktoren werden in Gl. (4-25) summiert. Dabei ist Gl. (4-22) die methodische Basis der Summation. Es ergibt sich $u_{Messkopf\ Z}$ mit 0,10 µm. Allen Anteilen liegt die Annahme einer Rechteckverteilung zugrunde. Dabei ist für keinen Anteil ein Gradient gegeben.

Der PSD Messkopf wird mittels einer HSK-T 63 Schnittstelle in der Spindel geführt. Die Einwechselwiederholgenauigkeit der Schnittstelle bildet sich als Fehler in den Messergebnissen ab. Nach Wagner ist die Höhe der Einwechselwiederholgenauigkeit stark davon abhängig, ob die Schnittstelle bei der Einwechselung an eine oder beiden Seiten der Mitnehmerelemente zur Anlage kommen kann. Falls eine Anlage an beiden Seiten denkbar ist, z. B. bei einer Einwechselung durch den Werkzeugwechsler, beträgt die zweiseitige Einwechselwiederholgenauigkeit in Verdrehrichtung 295 µm bei einer radialen Auskragung von 200 mm. Wenn aber eine definierte Anlage an einer Seite der Mitnehmerelemente sichergestellt wird, z. B. durch eine Einwechselung per Hand mit einem definierten Anlegen an die Mitnehmer, reduziert sich die Standardabweichung auf 2 µm bei der gleichen Auskragung. Die relevanten Standardabweichungen und Stichprobengrößen sind in Tabelle 4-4 aufgeführt. [WAGN 17]

$$u_{Messkopf\ Z} = \sqrt{\left(1 \cdot \frac{0{,}1K \cdot 0{,}193\,m \cdot 1{,}7\frac{\mu m}{m \cdot K}}{\sqrt{3}}\right)^2 + \left(1 \cdot \frac{0{,}25K \cdot 0{,}193\,m \cdot 1{,}7\frac{\mu m}{m \cdot K}}{\sqrt{3}}\right)^2 + \left(1 \cdot \frac{2K \cdot 0{,}193m \cdot 0{,}43\frac{\mu m}{m \cdot K}}{\sqrt{3}}\right)^2 + \left(1 \cdot \frac{2K \cdot 0{,}00005m \cdot 1{,}7\frac{\mu m}{m \cdot K}}{\sqrt{3}}\right)^2} = 0{,}10\,\mu m \tag{4-25}$$

Für den in dieser Arbeit untersuchten Messaufbau wird im Forschungsbetrieb die Einwechselung per Hand durchgeführt. Für eine spätere industrielle Nutzung und Einwechselung aus dem Werkzeugwechsler wird der Einbau eines federnden Druckstücks im Bereich der Mitnehmeranlage empfohlen, um die gleiche Reproduzierbarkeit der Einwechselwiederholgenauigkeit zu erreichen.

Die verschiedenen Unsicherheitsbeiträge werden nach Gl. (4-19) aus der Standardunsicherheit $s$ sowie der Stichprobengröße $n$ der Versuche bestimmt, siehe Tabelle 4-4. Zur Vereinfachung der Gesamtbilanz werden der axiale und der radiale Einfluss zur sicheren Seite mit $u_{Messkopf} = 0{,}10\,\mu m$ abgeschätzt.

**Tabelle 4-4: Einwechselwiederholgenauigkeit (einseitig) HSK-T 63 [WAGN 17]**

*Replacement repeatability (one-sided) HSK-T 63 [WAGN 17]*

| **Einwechsel-wiederholgenauigkeit** | **Standard-abweichung** | **Stichproben-größe** | **Unsicherheit** |
|---|---|---|---|
| axial | 0,27 µm | 25 | $u_{ax} = 0{,}05\,\mu m$ |
| radial | 0,21 µm | 27 | $u_{rad} = 0{,}04\,\mu m$ |
| rotatorisch um die Spindelachse (bezogen auf die eingebauten PSD mit max. radialer Auskragung von 26,2 mm) | 10 µm/m (0,26 µm) | 7 | $u_{rot} = 0{,}10\,\mu m$ |

*Messsystem - Strahlbrechung im optischen Filter*

Beim Durchstrahlen der im Messkopf verbauten optischen Filter entsteht ein Strahlversatz $\Delta s$ des Laserstrahls, wenn dieser nicht senkrecht auf den Filter auftrifft. Die geometrische Situation ist in Bild 4-24 dargestellt. Der Strahlversatz $\Delta s$ wird aus der Differenz des Strahlengangs ohne Filter $s_0$ und des Strahlengangs mit Filter $s_B$ bestimmt, siehe Gl.(4-26) bis (4-28).

$$s_0 = d \cdot tan\,(\alpha) \tag{4-26}$$

$$s_B = d \cdot tan(\beta) \tag{4-27}$$

$$\Delta s = d \cdot tan(\alpha) - \, d \cdot tan\,(\beta) \tag{4-28}$$

Der Veränderung des Strahlversatzes $\Delta s$ ist vom Einfallswinkel $\alpha$, der Filterbreite $d$ und dem Brechungsindex des Filters $\beta$ beeinflusst, siehe Gl. (4-26) bis (4-29). Für die hier vorgestellte Messmethode ist nur die Winkeländerung $\dot{\alpha}$ variabel, da durch die Subtraktion der Referenzmessung der Effekt der initialen Fehlausrichtung korrigiert wird, Gl. (4-29).

$$\dot{\Delta s} = d \cdot (tan(\alpha + \dot{\alpha}) - tan(\alpha)) \tag{4-29}$$

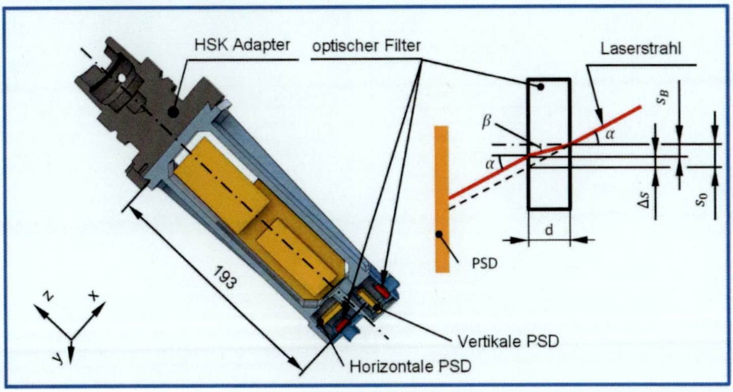


**Bild 4-24: PSD und optische Filter im Messkopf [BREC 22]**

*PSD and optical filters of the measurement head [BREC 22]*

Es wird ein maximal möglicher Winkelfehler der Maschine von 100 µrad zur sicheren Seite abgeschätzt. Eine Verdrehung der Werkzeugschnittstelle kann zusätzlich 10 µrad Winkeländerung hervorrufen, siehe Tabelle 4-4.. Da der Gradient des in Gl. (4-29) verwendeten Tangens im Intervall von 0 bis π/2 ansteigt, wird für eine Abschätzung des initialen Winkels zur sicheren Seite der maximal messbare Winkel je Segment bestimmt. Dieser ergibt sich aus der Segmentlänge von 400 mm sowie der PSD-Breite von 10 mm. Damit beträgt der maximale initiale Winkel 25 mrad. Mit der Filterdicke von 5 mm ergibt sich die eine maximale Veränderung der Verlagerung von ±0,55 µm. Unter der Annahme einer Rechteckverteilung wird $u_{Filterbrechung}$ mit 0,32 µm bestimmt, vgl. Gl. (4-20).

*Messsystem - Systemverhalten PSD und Signalverarbeitung*

Der Fehler der PSD inklusive Messkette und Signalauswertung wird mittels einer eigenen Messung bestimmt. Die Signalauswertung umfasst dabei die in 4.2.1 beschriebene gleitende Mittelwertbildung mit einem Fenster von 150 Messwerten bei einer Samplerate von 100 Hz.

Der Messaufbau ist in Bild 4-25 dargestellt. Die PSD wird in der Einbaulage im Messkopf (nicht dargestellt) auf dem Tisch der Präzisionskinematik platziert. Dabei wird der Messkopf entlang der Achsen des Bewegungsapparats ausgerichtet. Die Präzisionskinematik führt eine Laserstrahlquelle schrittweise über die PSD in beide Messrichtungen. Die Bewegung in beide Richtungen wird jeweils durch eine laserbasierte Wegmessung (hochpräzise CCD Laser Wegsensoren Keyance LK-G32) erfasst.

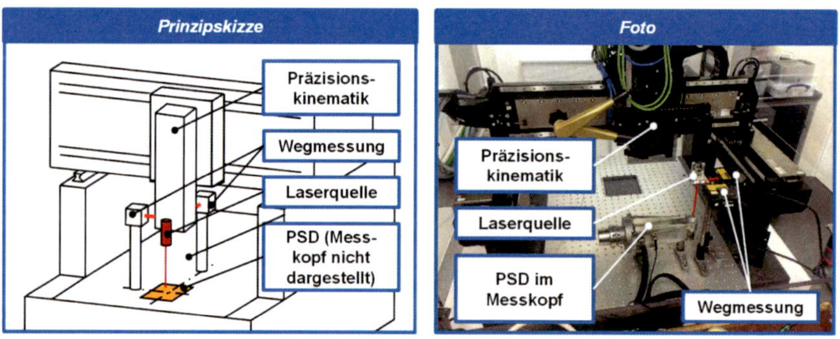


**Bild 4-25: Messaufbau PSD Fehlermessung [BREC 22]**

*Setup PSD error measurement [BREC 22]*

In der Auswertung werden die durch die PSD bestimmten Werte mit den Werten der Lasermessung abgeglichen. Für die spätere Korrektur erfolgt für Werte zwischen den eingemessenen Stützstellen eine Interpolation. Das Messraster hat dabei eine Kantenlänge von ±2 mm (PSD für Segment 5) bzw. ±1 mm (PSD für Segment 1 bis 4) einen Stützstellenabstand von 0,1 mm. Die Kantenlängen sind dabei auf mögliche Fehlausrichtungen des Strahlengangs angepasst. Ein eingemessener Fehler ist exemplarisch in Bild 4-26 dargestellt.

Die Unsicherheit der bestimmten Werte entspricht der Unsicherheit der laserbasierten Wegmessung. Diese setzt sich aus einer Linearitätsabweichung $\Delta_{lin}$ von ±0,05% des Messbereichs sowie einer Wiederholgenauigkeit von 0,05 µm zusammen. Durch eine Eingrenzung des Messbereichs für die einzelnen Segmente gemäß Tabelle 4-5 errechnen sich nach Gl. (4-30) die angegebenen Unsicherheiten. Dabei ist Gl. (4-30) die konkrete Anwendung von Gl. (4-22) auf die Lasermessung.

$$u_{PSD} = \sqrt{\left(1 \cdot \frac{\Delta_{lin}/2}{\sqrt{3}}\right)^2 + (1 \cdot 0{,}05\mu m)^2} \quad \textbf{(4-30)}$$

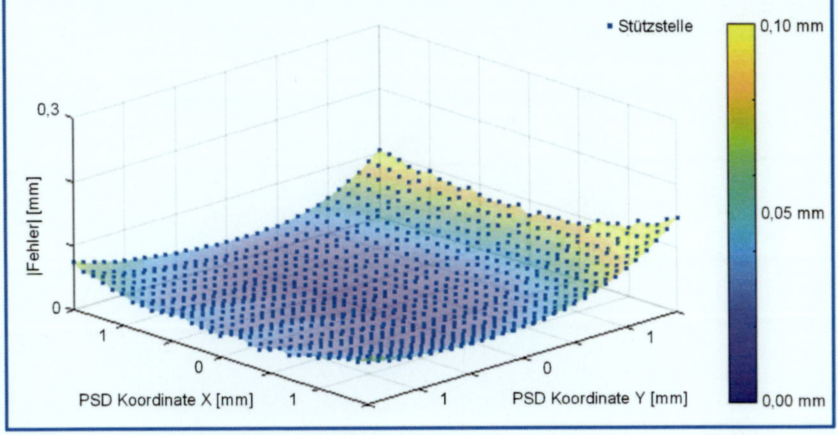


**Bild 4-26: Fehler (PSD Segment 5) [BREC 22]**

*Error (PSD Segment 5) [BREC 22]*

Die Summation basiert auf der Annahme eines linearen Modells der Messung ohne Wechselwirkung zwischen den Einzelbeiträgen. Für die messpunktbezogenen Unsicherheiten ist zu berücksichtigen, dass der Laserstrahl in den Einzelsegmenten windschief im Raum steht. Dies pflanzt sich durch den Rahmen fort und führt zu größeren maximalen Unsicherheiten in den weiter von der Laserquelle entfernten Segmenten. Die Messpfade sind in den Segmenten jedoch so ausgerichtet, dass sie symmetrisch im Messbereich der PSD liegen. Die PSD erfasst also in der Mitte der Segmente deutlich kleinere Werte und es resultieren für diese Messpunkte auch kleinere Unsicherheitsbeiträge. Diese positionsbezogenen Unsicherheiten werden für die einzelnen Messpositionen in den Segmenten im Rahmen der Monte Carlos Simulation (4.3.3) berücksichtigt.

PSD können temperaturabhängigen Schwankungen unterliegen. Die Einbausituation der PSD im Messkopf sorgt hier jedoch für sehr geringe Temperaurschwankungen innerhalb des Messkopfes, siehe Bild 4-23. Während eines Stichversuchs von 7 Tagen trat eine maximale Temperaturschwankung von 1,7°C auf. Der dargestellte Arbeitsbereich ist weit von der maximal zulässigen Betriebstemperatur der PSD von 70°C entfernt. Die Abhängigkeit der PSD-Werte von der Temperatur wird daher im Folgenden nicht weiter berücksichtigt.

*Mitwelt – Strahlablenkung*

Die Wellenlänge des Lichts, als auch seine Bahn im Raum, sind vom Brechungsindex des durchstrahlten Mediums abhängig. Eine Änderung des Brechungsindex ist auf Veränderungen der Temperatur, des Drucks, der Luftfeuchtigkeit und der chemischen Zusammensetzung des

Mediums zurückzuführen. Die chemische Zusammensetzung kann für die meisten Anwendungen in der Produktionstechnik vernachlässigt werden [JATZ 11]. Die Größe mit dem höchsten Einfluss auf die Veränderung des Brechungsindex ist die Temperatur.

**Tabelle 4-5: Messbereich, Linearitätsabweichung und maximale PSD Unsicherheit je Segment**

*Measurement range, linearity deviation and maximum PSD uncertainty per segment*

| Segment | Messbereich PSD [mm] | Linearitätsabweichung [µm] | max. $u_{PSD}$ [µm] |
|---|---|---|---|
| 1 | X ±0,20<br>Z ±0,30 | X 0,4<br>Z 0,6 | 0,13<br>0,18 |
| 2 | Y ±0,20<br>Z ±0,60 | Y 0,4<br>Z 1,2 | 0,13<br>0,35 |
| 3 | X ±0,20<br>Z ±0,30 | X 0,4<br>Z 0,6 | 0,13<br>0,18 |
| 4 | Y ±0,25<br>Z ±0,35 | Y 0,5<br>Z 0,7 | 0,15<br>0,21 |
| 5 | X ±1,3<br>Y ±0,6 | X 2,6<br>Y 1,2 | 0,75<br>0,35 |

Nach Berechnungen von Jatzkowski kann für einen Temperaturgradienten von 0,7°C/m für den 1,5 m langen Strahlengang im Messrahmen ein maximaler seitlicher Versatz von $u_{Strahlablenkung} = 0{,}75\mu m$ zur sicheren Seite abgeschätzt werden. Entlang des Strahlengangs erfolgt die Berücksichtigung positionsabhängig. Da der Strahlengang ein Volumen (ca. 350 mm x 320 mm x 400 mm) umschließt, würde sich der angegebene Gradient in einer geringeren Schwankung entlang des Strahlengangs auswirken und ist damit von der Position im Strahlengang abhängig. Darüber hinaus umfasst die Annahme eines Gradienten von 0,7°C/m nach Einschätzung des Autors einen Sicherheitsaufschlag, der mögliche Gradienten des Luftdrucks sowie der Luftfeuchte in einem geschlossenen Arbeitsraum und den Querversatz beim Durchschreiten der Pentaprismen aufgrund deren deutlich geringeren Einfluss vernachlässigbar macht. Um Turbulenzen vorzubeugen, die in dieser Betrachtung nicht berücksichtigt werden, wird der Einsatz des Messsystems auf Maschinen mit gekapseltem Arbeitsraum beschränkt. Bei einer Abschaltung der Sperrluft für den Messvorgang und keiner von außen zugeführten Zugluft sind hier mögliche Störeinflüsse nach Meinung des Autors stark minimiert und der Effekt somit vernachlässigbar.

*Messobjekt*

Das thermo-elastische Verhalten des Messobjekts während der vierminütigen Messung beeinflussen das Messergebnis ebenfalls. Der Effekt ist jedoch vor Einsatz des Systems ohne eine Modellierung des thermo-elastischen Verhaltens der Maschine nicht zu quantifizieren und findet keine Berücksichtigung.

*Bestimmung der summierten, erweiterten Messunsicherheit der PSD-Messung*

Für die Bestimmung der kombinierten Standardunsicherheit werden unkorrelierte Einflussgrößen angenommen. Damit kann die summierte Unsicherheit $u_{sum}$ nach Gl. (4-22) bestimmt werden. Die einzelnen Unsicherheiten $u_i$ sowie die zugehörigen Gradienten $c_i$ sind für die drei Koordinatenrichtungen in Tabelle 4-6 zusammengefasst. Die Gradienten wurden unter den Annahmen eines linearen Modells nach VDA 5 und keiner Wechselwirkung zwischen den Einzelbeiträgen bestimmt [VDA 11].

**Tabelle 4-6: Zusammenfassung der Einzelunsicherheiten und ihrer Gradienten [BREC 22]**

*Summary of the individual uncertainties and their gradients [BREC 22]*

| **Einzelunsicherheit** | $u_i$ **[µm]** | $c_i$ |
|---|---|---|
| Strahlbrechung im Filter | 0,32 | 1 |
| Auflösung | 0,06 | 1 |
| Messrahmen | 0,12 | 1 |
| Fehler der Dehnungskorrektur des Messkopfs in Z-Richtung | 0,10 | 1 |
| Temperatursensor im Messkopf | 0,05 | 1 |
| Messkette Temperatursensor im Messkopf | 0,02 | 1 |
| Werkzeugschnittstelle | 0,10 | 1 |
| Linearität der PSD | 0,05 | 1 |
| PSD inkl. Messkette | positionsabhängig max. 0,75 | 1 |
| Strahlengang | positionsabhängig max. 0,75 | 1 |

### 4.3.3 Monte Carlo Simulation der Messunsicherheit

*Monte Carlo Simulation of the measurement uncertainty*

Die Monte Carlo Simulation ist eine geeignete Methode die Unsicherheiten von verwendeten Modellen zu bestimmen [JCGM 08a]; [JCGM 08b]; [WILH 01]. Im Kontext dieser Arbeit werden nachfolgend die Unsicherheiten der einzelnen ausgegebenen Fehler des Messmodells bestimmt. Das Vorgehen ist in Bild 4-27 darstellt.

Zu Beginn werden 21 thermo-elastischen Fehler der linearen 3-Achs-Kinematik der in 4.1.5 vorgestellten Demonstratormaschine erzeugt. Die thermo-elastischen Fehler werden zufällig erzeugt, angelehnt an [BRIN 07]. Die genaue Methodik zur Erzeugung der zufällig erzeugten Fehler ist in Anhang 7.1 erläutert. Die Amplituden der Einzelfehler sind auf Basis der Literatur [WENN 18] zur sicheren Seite abgeschätzt, vgl. Tabelle 4-7. Zusätzlich werden Sie mit dem Sicherheitsfaktor drei multipliziert, um auch größere Abweichungen zu berücksichtigen.

Diese zufälligen, thermo-elastischen Fehler werden in ein Starrkörpermodell der Kinematik nach Denavit Hardenberg gespeist [DENA 55]. Die Kinematik ist eine [wbXYZt] Kinematik nach [ISO 10791-6]. Das Ergebnis dieser Berechnung ist ein volumetrisches Fehlerfeld im Arbeitsraum. Im nächsten Schritt werden analog zum Ablauf der realen Messung virtuelle Messwerte an elf Stellen je Segment (bzw. sieben Stellen für Segment 1) bestimmt, vgl. 4.2.1. Zu den virtuellen Messwerten wird normalverteiltes Rauschen der PSD $u_{sum}$ gemäß der Analyse der Messunsicherheit in Unterkapitel 4.3.2 addiert. Um den Einfluss der Subtraktion einer Referenzmessung $S_0$ nach Gl. (4-3) zu berücksichtigen, wird das Rauschen zusätzlich verdoppelt.

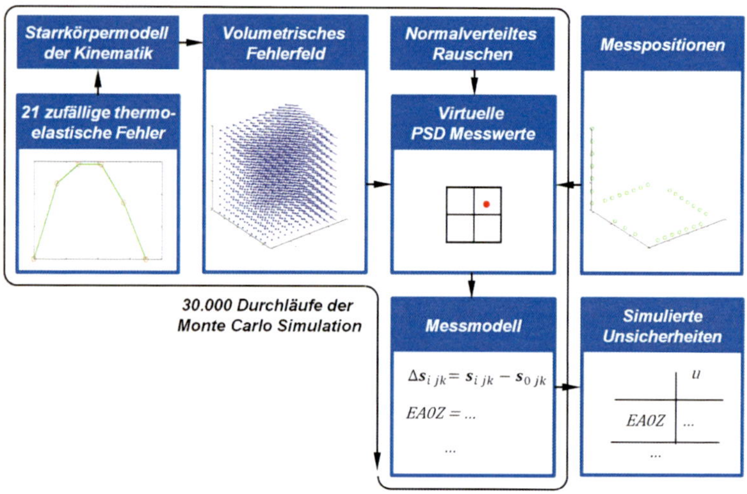


**Bild 4-27:** **Vorgehen der Monte Carlo Simulation [BREC 22]**

*Applied procedure of the Monte Carlo method [BREC 22]*

**Tabelle 4-7:** **Maximale Eingangsgrößen der thermo-elastischen Fehler für die Monte Carlo Simulation**

*Maximum thermo-elastic error inputs for the Monte Carlo method*

| Fehler | [µm] | Fehler | [µm] | Fehler | [µm] | Fehler | [µm/m] |
|---|---|---|---|---|---|---|---|
| EXX | 10 | EYY | 10 | EZZ | 10 | EA0Z | 25 |
| EYX | 5 | EXY | 5 | EXZ | 5 | EB0Z | 25 |
| EZX | 5 | EZY | 5 | EYZ | 5 | EC0Z | 25 |
| **Fehler** | **[µm/m]** | **Fehler** | **[µm/m]** | **Fehler** | **[µm/m]** | | |
| EAX | 10 | EAY | 10 | EAZ | 10 | | |
| EBX | 10 | EBY | 10 | EBZ | 10 | | |
| ECX | 10 | ECY | 10 | ECZ | 10 | | |

Anschließend kommt das Messmodell nach 4.2.2 zum Einsatz, um die thermo-elastischen Fehler abzuleiten. Für das dargestellte Vorgehen werden 30.000 Simulationsläufe durchgeführt. Aus den Ergebnissen der Simulationsläufe werden die Unsicherheiten der messbaren Fehler bestimmt.

Für die Ausgleichsgeraden der verschiedenen Geradheiten $\boldsymbol{r}_{i\,jk}$ lässt die [ISO 230-1] mehrere Berechnungsmodi zu. Die Ausgleichsgerade wird als Mittelwert zweier paralleler Geraden mit minimalem Abstand (Bandbreitenmethode), einen Best-Line-Fit oder ein Verbinden des ersten sowie letzten Messpunkts ermittelt. Die Methoden sind exemplarisch in Bild 4-28 dargestellt.

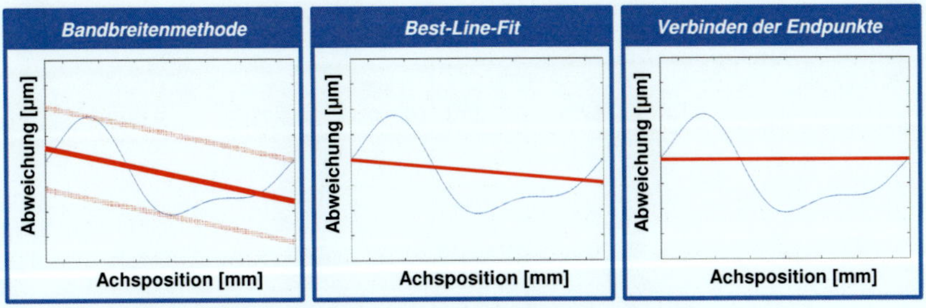


**Bild 4-28: Methoden zur Bestimmung der Ausgleichsgerade nach [ISO 230-1]**

*Methods for reference line determination according to [ISO 230-1]*

Dabei zeigen die Unsicherheiten der Rechtwinkligkeiten für 1000 Simulationsläufe eine starke Abhängigkeit vom gewählten Verfahren, siehe Tabelle 4-8. Die Unsicherheiten sind dabei auf den maximalen linearen Fehler im Arbeitsraum der Demonstratormaschine umgerechnet. Für den Best-Line-Fit wurden zwei Varianten zur Gewichtung der Fehler (linear und quadratisch) getestet. Die Variante mit quadratisch gewichteten Fehlern des Best-Line-Fits führte dabei zu den besten Ergebnissen respektive geringsten Unsicherheiten und wird für alle anderen dargestellten Ergebnisse genutzt.

**Tabelle 4-8: Unsicherheiten der Rechtwinkligkeiten für verschiedene Ausgleichsgeraden nach ISO 230-2**

Uncertainties of the squarenesses for different compensating lines according to ISO 230-2

| | **Bandbreiten-methode** | **Best-Line Fit (kleinste Fehlerquadrate)** | **Best-Line Fit (Fehler linear gewichtet)** | **Endpunkte verbinden** |
|---|---|---|---|---|
| EA0Z | *6,9 µm* | *4,2 µm* | *8,4 µm* | *7,1 µm* |
| EB0Z | *7,3 µm* | *4,9 µm* | *9,0 µm* | *7,9 µm* |
| EC0Y | *6,8 µm* | *4,4 µm* | *9,1 µm* | *6,8 µm* |

Unter den in diesem Kapitel genannten Randbedingungen wurde die Monte Carlo Simulation durchgeführt. Die bestimmten erweiterten Unsicherheiten der Monte Carlo Simulation werden in Tabelle 4-9 aufgeführt. Dabei wurden alle Winkelfehler mit dem maximalen Hebel des Messvolumens, siehe Abschnitt 4.2.1, in lineare Fehler in Mikrometern umgerechnet. Sie stellen somit dem maximalen resultierenden linearen Fehler des Winkelfehlers dar.

Die Unsicherheiten aller Fehler mit Ausnahme der Rollfehler werden als für den Zweck des Messsystems geeignet angesehen. Die Unsicherheiten der Rollfehler im oberen einstelligen Mikrometerbereich sind so hoch, dass nur Rollfehlern sinnvoll erfassbar sind, die deutlich größer als die Unsicherheiten sind. Liegen Fehler und Unsicherheit eng beieinander, wird möglicherweise keine relevante Verbesserung des thermo-elastischen Rollfehlers durch eine Korrektur herbeigeführt. Eine mögliche Ursache dafür sind die in 4.2.2 aufgeführten Störeinflüsse der Messung. Die Verwendung zwecks Korrektur ist daher im Einzelfall zu prüfen.

**Tabelle 4-9: Resultierende erweiterte Unsicherheiten U (k=2) der Monte Carlo Simulation [BREC 22]**

*Resulting expanded uncertainties U (k=2) of the monte carlo simulation [BREC 22]*

| **Error** | **u [µm]** | **Error** | **u [µm]** | **Error** | **U [µm/m]** | **u [µm]** |
|---|---|---|---|---|---|---|
| EYX | ±1,3 | EZY | ±3,9 | EAX | ±12,7 | ±8,2* |
| EZX | ±1,6 | EYZ | ±3,4 | EBY | ±9,1 | ±6,4* |
| EXY | ±1,5 | EXX | ±0,4 | EA0Z | ±12,5 | ±4,2* |
| EXZ | ±1,5 | EYY | ±0,4 | EB0Z | ±14,4 | ±4,9* |
| *max. resultierende lineare Unsicherheit bezogen auf das Messvolumen | | | | EC0Y | ±11,7 | ±4,4* |

## 4.4 Validierung der Messmethode

*Validation of the measurement method*

Die in diesem Kapitel vorgestellte Messmethode misst in den verschiedenen Segmenten des Laserstrahls Geradheiten in zwei Dimensionen und verarbeitet diese mittels des Messmodells zu thermo-elastischen Fehlern, welche zur Korrektur der Maschine genutzt werden können, um das Bearbeitungsergebnis zu verbessern. Die Validierung der Messmethode besteht aus zwei Schritten, einer messtechnischen Validierung der PSD-Messungen der Einzelsegmente (4.4.1) sowie einer Validierung der vom Messmodel bestimmten geometrischen Fehler (4.4.2).

### 4.4.1 Validierung der Strahlsegmente

*Validation of the beam segments*

Die Basis des Messverfahrens sind die Geradheitsmessungen in zwei Dimensionen in den fünf Segmenten. Zur Validierung erfolgt je Segment ein Abgleich mit dem kommerziellen Messgerät Renishaw XM-60. Die Messunsicherheit des Geräts beträgt ±1,5 µm (95%, k=2) [RENI 19]. Der Messaufbau ist exemplarisch für das zweite Segment in Bild 4-29 dargestellt. Links im Bild sind das kommerzielle Messsystem sowie der PSD Messkopf gezeigt, die beide an der Maschinenspindel angeschlagen sind (nicht im Bild). Da das in dieser Arbeit behandelte Messsystem die aktuelle Messung mit einer Referenz-Messung vergleicht, wird dieser Ablauf durch eine initiale Messung entlang eines NC-Pfads sowie eine zweite Messung entlang eines manipulierten NC-Pfads simuliert. Verglichen wird dann die gemessene Differenz der beiden Systeme. Das Prinzip ist in Bild 4-29 rechts gezeigt. Die Messpositionen auf den Einzelachsen entsprechen den Messpositionen des Systems im Einsatz.

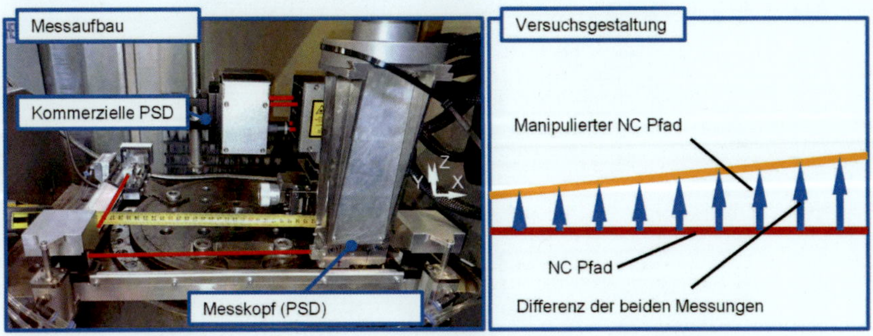


**Bild 4-29: Versuchsaufbau der Validierungsmessung der Strahlsegmente [BREC 22]**

*Experiment design of the validation measurement of the beam segments [BREC 22]*

Die Ergebnisse der Messungen für fünf Segmente sind in Bild 4-30 dargestellt. Je Segment wurden drei Wiederholmessungen durchgeführt. Das Konfidenzinterval der XM-60 Messungen ist die doppelte Messunsicherheit, da eine Differenz aus zwei Messungen gebildet wurde.

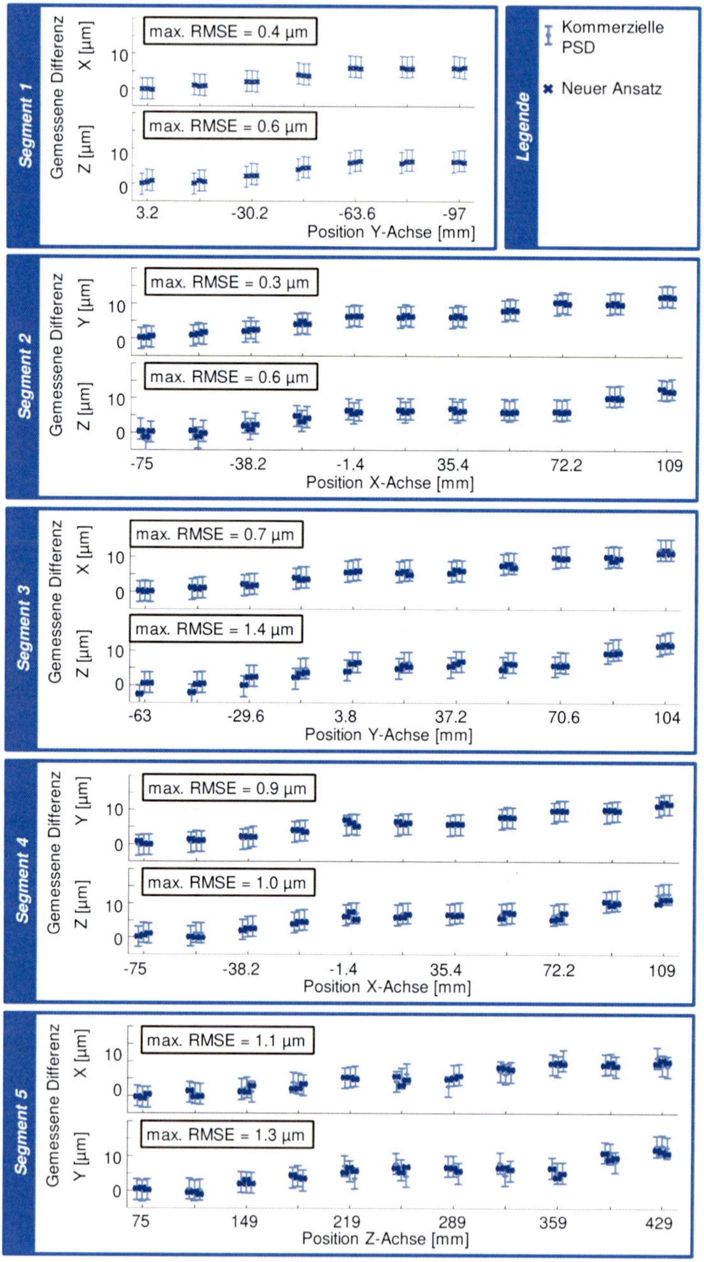


**Bild 4-30: Validierungsmessungen der Segmente [BREC 22]**

*Validation measurements of the segments [BREC 22]*

Für alle Segmente zeigt sich, dass die maximale Wurzel der mittleren Fehlerquadrate (RMSE) 1,4 µm beträgt und für viele Segmente weit unter dem genannten Wert liegt. Außerdem ist die Abweichung der mit dem neuen System gemessenen Differenzen vielfach weit unterhalb der Messunsicherheit des kommerziellen Referenzsystems. Darüber hinaus liegen alle mit dem neuen System gemessene Differenzen im Konfidenzinterval der mit dem Referenzsystem erfassten Differenzen.

Eine Validierung der Messunsicherheitsbilanz aus Unterkapitel 4.3 ist mit diesen Messungen nicht sinnvoll möglich. Die Messungen wurden unter realen Bedingungen einer Produktion inklusive thermo-elastischen Schwankungen des TCP durchgeführt. Eine Validierung der Messunsicherheit nach GUM Typ A (vgl. Abschnitt 4.3.1) würde also diese nicht quantifizierten Einflüsse enthalten. Für ein solche Validierung wird wenigstens eine klimatisierte Maschinenumgebung, besser noch eine Maschine mit temperierten Baugruppen benötigt. Die Unsicherheitsbilanz selbst baut bereits für viele Einzeleinflüsse auf Messergebnisse auf. Aufgrund einer ungünstigen Kosten-Nutzen-Abwägung wird auf eine messtechnische Validierung der Bilanzierung der Einzelanteile verzichtet.

### 4.4.2 Validierung der thermo-elastischen Maschinenfehler

*Validation of the determined thermo-elastic errors*

Aufbauend auf den Messungen der Einzelsegmente erfolgt eine Validierung der Methode inkl. des Messmodells (vgl. 4.2). Das Vorgehen dazu sowie das Ergebnis sind in Bild 4-31 dargestellt.

Zuerst werden im Rahmen einer virtuellen Validierung vordefinierte Fehler in virtuelle PSD-Werte umgerechnet. Auf Basis dieser Werte berechnet das Messmodell geometrische Fehler, die mit den eingestellten Werten abgeglichen werden. Die Übereinstimmung der Werte ist gegeben, was die Berechnungen des Messmodells validiert. Dieses Vorgehen ist impliziter Teil der Monte Carlo Simulation des Messmodells, vgl. Absatz 4.3.3.

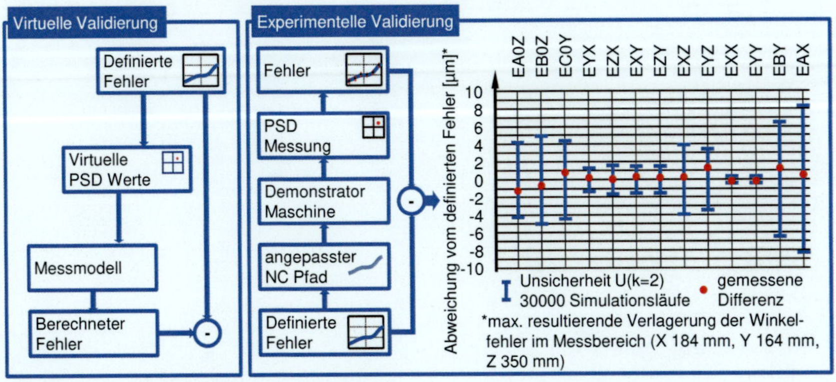


**Bild 4-31: Validierung der Messmethode**

*Validation of the measurement method*

Zusätzlich wurde eine experimentelle Validierung durchgeführt. Eine Referenzmessung mit einem initialen NC-Pfad bildet hier den Referenzzustand des Systems ab. Eine zweite Messung mit einem angepassten NC-Pfad simuliert thermo-elastische Fehler. Die Anpassung des NC-Pfads basiert auf definierten Fehlern. Die Differenz beider Messungen entspricht dabei theoretisch den definierten Fehlern. Beide Messungen wurden direkt hintereinander durchgeführt, um eine Beeinflussung durch thermo-elastische Fehler der Maschine zwischen den Messungen zu minimieren. Die Messzeit beider Messungen zusammen beträgt unter 10 min. Die Differenz aus definierten und gemessenen Fehlern liegt dabei für alle geometrischen Fehler innerhalb der Unsicherheit, siehe Bild 4-31. Die Messungen validieren damit die Funktionsweise der Messmethode im Zusammenspiel aller Einzelmessungen der fünf Segmente inkl. des Messmodells. Die Gültigkeit der bestimmten Unsicherheiten wird dabei nicht widerlegt.

## 4.5 Kapitelfazit

*Chapter conclusion*

Im übergeordneten Kapitel 0 wird die erste Forschungsfrage beantwortet:

*Wie ist ein kosteneffizientes, maschinenintegriertes Messverfahren zur Erfassung eines relevanten Teils des thermo-elastischen Summenfehler von 3-Achs-Fräsmaschinen zu gestalten?*

Es wurde eine neue Messmethode zur Erfassung des thermo-elastischen Fehlers kleiner und mittlerer 3-Achs-Fräsmaschinen auf Basis des photo-elektrischen Effekts vorgestellt. Die Methode umfasst ein neues, maschinenintegriertes, kosteneffizientes Messverfahren. Erfasst werden relative Verlagerungen bezogen auf eine initiale Referenzmessung.

Es wird die Konstruktion des Messaufbaus (4.1) vorgestellt. Diese ist mit geringem Aufwand an verschiedene Arbeitsraumgrößen anpassbar und nutzt vielfach günstige Bauteile (CFK-Stäbe, einfache Pentaprismen). Der Preis der verbauten Komponenten lag unter 4.000 €.

Aufbauend auf die erfassten zehn Geradheiten leitet das Messmodell (4.2) 13 geometrische Fehler der Kinematik ab. Dies umfasst sechs Geradheiten, drei Rechtwinkligkeiten, zwei Positioniergenauigkeiten und zwei Rollfehler. Nicht erfasst werden die Abbe-Fehler bedingenden Nickfehler der Achsen, die in Abhängigkeit der Länge der Abbe-Hebel einen gesteigerten Einfluss auf den thermo-elastischen Summenfehler haben können. Daher fokussiert das System kleine und mittlere Bearbeitungszentren, da diese kurze Abbe-Hebel aufweisen.

Eine Analyse der Messunsicherheiten (4.3) ordnet die erreichbare Messgenauigkeit respektive Korrekturqualität der messbaren Fehler ein. Dabei weisen die Rollfehler ungünstig hohe Unsicherheiten auf, weshalb ihre Verwendung zwecks Korrektur im Einzelfall zu prüfen ist.

Die gemessenen einzelnen Geradheiten sowie die mit dem Messmodel bestimmten geometrischen Fehler werden experimentell validiert, siehe Unterkapitel (4.4).

# 5 Ergänzende, lernende Modellierung des thermo-elastischen Verhaltens

*Supplementary, learning model of the thermo-elastic behavior*

Die in Kapitel 0 vorgestellte Messmethode benötigt zur Erfassung der thermo-elastischen TCP-Verlagerung einen Messkopf in der Spindel. Eine Messung parallel zur Bearbeitung ist also nicht möglich. Während des Maschinenbetriebs führt eine hohe Anzahl an Messungen pro Tag zwar zu einer Qualitätssteigerung des Produkts, die Produktivität wird jedoch infolge der für das maschinen-interne Messsystem benötigten Messzeiten reduziert.

Eine vollumfängliche Parametrierung thermo-elastischer Modelle ist in vielen industriellen Anwendungsfällen nicht wirtschaftlich. Insbesondere für den Umgebungseinfluss ist der Aufwand für die Abbildung aller denkbaren Lastszenarien nur mit einer Vielzahl an Versuchen und einer Klimakammer möglich. Ein lernendes Modell kann auf Basis der gemessenen Fehler über den Lebenszyklus der Maschine weitere Lastfälle trainieren. Die Maschine kann somit mit einer initialen Basis-Parametrierung ausgeliefert werden, die auf einer geringeren Anzahl trainierter Lastfälle aufbaut und somit kosteneffizient erarbeitet werden kann.

Das Ziel dieses Kapitels ist deshalb die Erarbeitung eines den Messaufbau ergänzenden, lernenden Modells des thermo-elastischen Maschinenverhaltens, um die zweite Forschungsfrage zu beantworten, siehe Kapitel 3. Lernend bezieht sich in diesem Kontext auf die in 2.3.3 eingeführte Definition des Maschinellen Lernens nach Mitchel als automatische Verbesserung auf Basis von Erfahrung [MITC 97].

Unterkapitel 5.1 behandelt den Aufbau des Models. Die Anwendung der genutzten Variante des Unscented Kalman Filter als zentralem Bestandteil wird in 5.2 vorgestellt. Das Vorgehen zur Parametrierung wird in 5.3 präsentiert. Dabei wird auch die erreichbare Qualitätssteigerung durch den Einsatz der Messmethode und des Modells gegenüber dem daraus resultierenden Produktivitätsverlust durch Messzeiten eingeordnet. Die Validierung des Modells wird in Unterkapitel 5.4 behandelt. Ein Kapitelfazit in 5.5 rundet das Kapitel ab.

Das nachfolgende Kapitel wurde bereits auszugsweise in [SPIE 23] veröffentlicht.

## 5.1 Aufbau des lernenden Modells

*Learning model design*

Das Spektrum möglicher Modelle kann in White-box, Grey-Box und Black-Box Modelle eingeteilt werden, siehe Bild 2-28. Dabei weisen nur White-Box und Grey-Box Modelle einen Bezug zum abzubildenden Phänomen auf. Damit einhergehend verfügen diese Modelle über eine bessere Fähigkeit zur Extrapolation über den parametrierten Bereich hinaus, da sie auch hier einen Bezug zur abgebildeten Physik haben können. Der Modellierungsaufwand steigt dabei jedoch mit der Zunahme der abgebildeten Phänomene in White-Box Modellen, vgl. 2.3.3. Da ein hoher Parametrierungsaufwand im Kontext einer industriellen Anwendung im Konflikt mit der Wirtschaftlichkeit steht, fokussiert diese Arbeit ein Grey-Box Modell.

Aus der Wärmelehre ist bekannt, dass das thermo-elastische Verhalten von Werkzeugmaschinen ein Verzögerungsverhalten aufweist. Die physikalisch vollständige Formulierung entspricht dabei Verzögerungsgliedern höherer Ordnung [JUNG 00]. Die Basis der Modellierung bilden in dieser Arbeit Verzögerungsglieder 1. Ordnung ($PT_1$). Die Ordnung eins stellt dabei eine Vereinfachung gegenüber der Wärmelehre dar, die bereits in mehreren Arbeiten zur Abbildung des thermo-elastischen Verhaltens als geeignet identifiziert worden ist, vgl. 2.3.3. [JUNG 00]

Die mathematische Formulierung für ein $PT_1$ Glied im Frequenzraum ist in Gl. (2-10) gegeben. In bisherigen Arbeiten mussten dabei teilweise Parametersätze für $K$ und $T$ an mehreren Arbeitspunkten bestimmt werden, da ein Zusammenhang zwischen der Eingangsgröße und den Modellparametern besteht [BREC 04]. Im Sinne der Systemtheorie ist das thermo-elastische Maschinenverhalten nichtlinear. Die Bestimmung mehrerer Stützstellen für die Parameter $K$ und $T$ in Abhängigkeit der Eingangsgröße $u$ erweitert die im Sinne der Systemtheorie lineare Beschreibung eines $PT_1$ Glieds zu einem nichtlinearen System, siehe Gl. (5-1).

$$y \cdot (1 + T(u) \cdot s) = K(u) \cdot u \tag{5-1}$$

Darüber hinaus sind die Eingangsdaten sowie zur Verfügung stehende Messdaten zum Modellabgleich immer mit Unsicherheiten behaftet. Eine Berücksichtigung derselben durch das Modell soll zusätzlich erreicht werden. Eine Modelklasse, die Unsicherheiten verarbeiten kann und lernfähig ist, ist der Kalman Filter, vgl. 2.3.3. Der klassische Kalman Filters kann für nichtlineare System jedoch nicht angewendet werden. Der Extended Kalman Filter (EKF) und der Unscent Kalman Filter (UKF) erweitern den Kalman Filter entsprechend. Bei dem EKF wird das nichtlineare System zur Schätzung durch eine Linearisierung erster Ordnung angenähert. Dadurch können große Diskrepanzen zwischen dem geschätzten Mittelwert und der Kovarianz der Zufallsvariablen im Vergleich zu den tatsächlichen Werten entstehen. Diese Variante wird daher für diese Arbeit nicht genutzt. Der UKF bildet das nichtlineare Systemverhalten unter Verwendung einer inneren Modellbeschreibung ab. Für die Modellierung in dieser Arbeit wird aufgrund der geringeren erwarteten Diskrepanzen der UKF verwendet. [HAYK 01] [WAN 01a]; [WAN 00]

Der UKF wird durch die Verzögerungsglieder der messbaren Einzelfehler (vgl. 4.2) als innere Modellbeschreibung des Systemverhaltens ergänzt. Der UKF kommt dabei in der Variante als Parameteridentifizierer zum Einsatz. Dies ermöglicht die Abbildung des im Sinne der Systemtheorie nichtlinearen, thermo-elastischen Maschinenverhaltens. Der UKF kann für verschiedene Wertebereiche der Eingangsdaten individuelle Parametersätze bestimmen. Die Verkettung des UKF und des Verzögerungsglieds ist in Bild 5-1 dargestellt.

Auf Basis seiner Eingangsdaten bestimmt der UKF einen aktuellen Parametersatz für das $PT_1$ Glied. Zum Zeitpunkt der nächsten Messung gleicht der UKF die Berechnung des $PT_1$ Glieds mit der gemessenen TCP-Verlagerung ab und bestimmt daraus eine aktualisierte Version des Parametersatzes. Darüber hinaus gibt der UKF eine Modellunsicherheit aus.

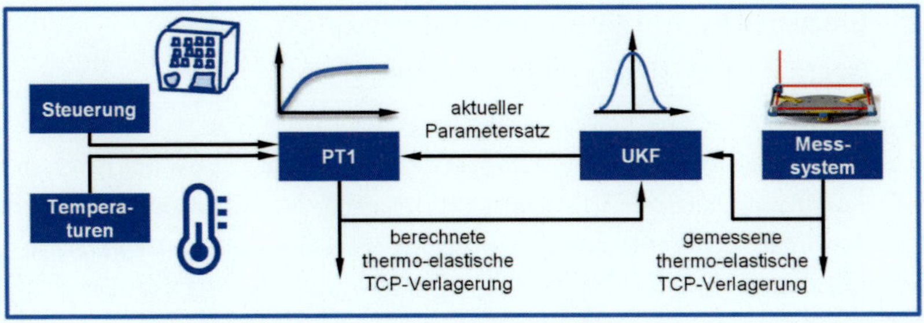


**Bild 5-1: Architektur des lernenden Modells, angelehnt an [SPIE 23]**

*Architecture of the learning model, based on [SPIE 23]*

Einzige Ausnahme ist die Korrektur der Positioniergenauigkeiten. Die thermo-elastische Dehnung direkter Messsysteme ist als wichtiger Einfluss klar belegt [WENN 18]. Daher wird hier der lineare Fehleranteil $\Delta l$ korrigiert. Dies geschieht aufbauend auf einer Temperaturmessung an den direkten Messystemen $\Delta T$, dem thermo-elastischen Dehnungskoeffizienten des Messsystems $\alpha_{th}$ sowie der zugehörigen Dehnlänge $l$ nach Gl. (5-2). Das lernende Modell wird nur auf den nichtlinearen Restfehler angewandt.

$$\Delta l = \alpha_{th} \cdot l \cdot \Delta T \tag{5-2}$$

Dieses lernende Modell ermöglicht die zum 30. Aachener Werkzeugmaschinen Kolloquium umrissene Vision von Brecher et. al. umzusetzen. Die Autoren propagieren den Einsatz von Methoden der Data Science in der Produktionstechnik über den kompletten Lebenszyklus von Produkten und Anlagen. Eine Parameterextraktion aus einem lernenden Modell ist dabei eines der konkreten Beispiele. Hierfür kann nach einer angemessenen Lernperiode aus dem lernenden Modell einen übergeordneter Satz Parameter bestimmt werden, der für weitere Anwendungen ohne das lernende Modell selbst genutzt werden kann. [BREC 21c]

Für das in dieser Arbeit vorgestellt Beispiel aus maschinenintegriertem Messsystem und ergänzender, lernender Modellierung kann der übergeordnete Parametersatz zur Korrektur bzw. Verbesserung der Korrektur von Maschinen ohne integriertes Messsystem genutzt werden. Eine weitere Motivation ist der Einsatz voll deterministischer Modelle in der Maschinensteuerung, demgegenüber das Verhalten des lernenden respektive nicht deterministischen Systems immer eine Wahrscheinlichkeit ungewollten Modellverhaltens im Rahmen des Lernvorgangs aufweist, was aus Sicherheitsgründen unzulässig sein könnte.

## 5.2 Unscented Kalman Filter zur PT1 Parameterschätzung

*Unscented Kalman Filter for $PT_1$ parameter estimation*

Dieses Unterkapitel stellt die Anwendung des Unscented Kalman Filter als Kernkomponente des lernenden Modells vor. Die Grundlagen der UKF-Parameterschätzung wurde bereits in 2.4 beschrieben. Für die Parameterschätzung für $PT_1$ Glieder liefert das maschinen-integrierten Messsystems aus Kapitel 4 die Messwerte $d_k$, das Messrauschen $R_k^e$. Das Vorgehen zur Konfiguration der Einstellparameter für diese Arbeit wird in Abschnitt 5.3.3 vertieft.

Für die $PT_1$ Glieder müssen auf Basis einer Eingangsgröße zwei Modellparameter geschätzt werden. Dabei ist für die Bestimmung der Zeitkonstante $T$ in der Sprungantwort des $PT_1$ Glieds insbesondere der Bereich des Anstiegs relevant. Demgegenüber ist für den Verstärkungsfaktor $K$ der Bereich nahe der maximalen Sprunghöhe relevant, siehe Bild 2-29. Um eine Überanpassung der beiden Parameter gegeneinander im Verlauf des Sprungs zu verhindern, werden die beiden Schätzungen in getrennten UKF-Instanzen vorgenommen, siehe Bild 5-2. Nachdem die korrekte Sprunghöhe über ein längeres Schätzintervall in einem ersten UKF mit P-Glied bestimmt wird, erfolgt die Schätzung der Zeitkonstante in einem zweiten UKF, dem das Ergebnis der Schätzung für $K$ aus der ersten Instanz zur Verfügung steht. Die spezifische Länge der Schätzintervalle wird in Abschnitt 5.3.3 vertieft.

Am Beispiel einer exemplarischen Anwendung des Modells wird nachfolgend die Eignung des Modells, insbesondere des UKF bewertet. Basis der Bewertung ist der Modellfehler $e$, der sich aus der Differenz von gemessenem Fehler $x_{Mess}$ zum modellierten Fehler $x_{Model}$ berechnet, siehe Gl. (2-15).

$$e = x_{Mess} - x_{Model} \tag{5-3}$$

Auf dem Modellfehler aufbauend werden zwei Bewertungsgrößen bestimmt. Die erste Größe ist die Differenz aus maximalem und minimalem Fehler, der sog. Spitze-Tal Wert (PV – engl. peak to valley) siehe Gl. (5-4). Der $PV$ Wert gibt somit den maximalen Fehler an.

$$PV = e_{max} - e_{min} \tag{5-4}$$

Der mittlere quadratische Fehler ($RMSE$ – engl.: root mean square error) berechnet sich als quadratischer Mittelwert des Modellfehlers, Gl. (5-5). Der $RMSE$ Wert gibt den mittleren Fehler an und gewichtet dabei quadratisch. Die quadratische Gewichtung wird insbesondere gewählt, da einzelne Ausreißer die Qualität einer Modellierung signifikant verringern können, während ähnliche Werte keinen übergeordneten Einfluss entfalten. Die Ausreißer werden hierbei höher gewichtet.

$$RMSE = \sqrt{\frac{1}{n} \cdot \sum_{k=1}^{n} e^2} \tag{5-5}$$

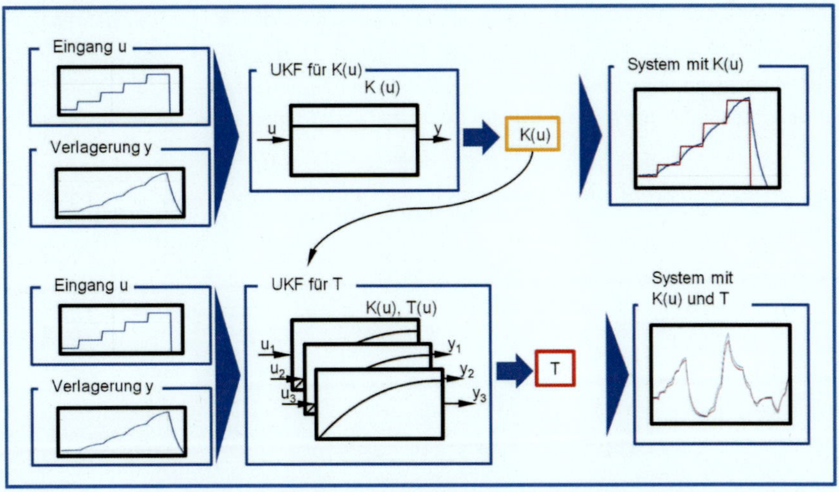


**Bild 5-2:** **Anwendung der UKF zur Parameteridentifikation eines PT₁ Glieds, angelehnt an [SPIE 23]**

*UKF application for PT1 element parameter identification, leaning on [SPIE 23]*

Zwei Lastfälle aus Basis synthetischer Messdaten wurden untersucht, siehe Bild 5-3. Dabei sind die synthetischen Messdaten mittels eines $PT_1$ mit $K = K(u)$ und $T = const$ erzeugt worden. Für $K(u)$ wurde der in der Literatur beschriebene lineare Zusammenhang angenommen (vgl. Bild 2-30), womit durch Einsetzen in Gl. (2-11) in ein nichtlineares System entsteht, siehe Gl. (5-6).

$$y \cdot (1 + T \cdot s) = (K \cdot u + b) \cdot u = K \cdot u^2 + b \cdot u \tag{5-6}$$

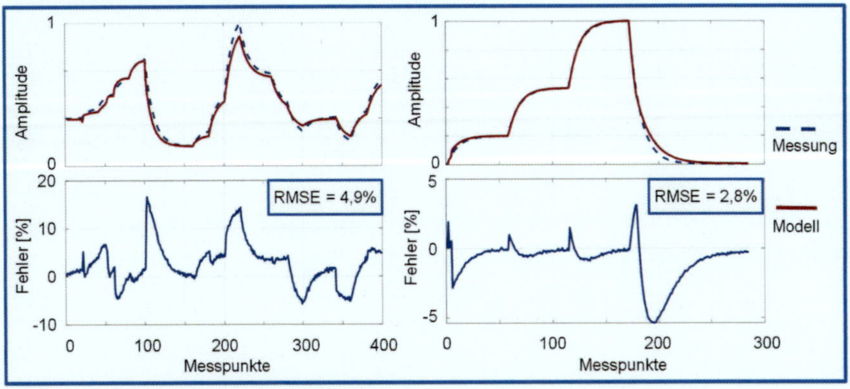


**Bild 5-3:** **Beispielanwendungen des Modells**

*Application example of the model*

Die Amplituden der synthetischen Daten sind normiert. Messrauschen wurde als weißes Rauschen mit einer maximalen Amplitude von 0,1 addiert. Links ist als erster Lastfall ein zufälliger Verlauf von Sprüngen dargestellt, der unterschiedlichen Lastphasen während des Maschinenbetriebs nachempfunden ist. Der PV beträgt 21,9% und der RMSE beträgt 4,9%. Der rechts dargestellte Fall zeigt einen möglichen Parametrierungsversuch für die Korrektur einer Achse. Der PV des Modells liegt für diesen Fall bei 8,5% und der RMSE beträgt 2,8%.

Für eine erste Anwendung des Modells sind die Ergebnisse akzeptabel. Damit ist die Eignung des lernenden Modells für ein nichtlineares Phänomen mit Verzögerungsverhalten belegt.

## 5.3 Parametrierung des thermo-elastischen Modells

*Parametrization of the thermo-elastic model*

Zur Parametrierung des in Unterkapitel 5.1 und 5.2 vorgestellten Modells ist eine Auswahl und Aggregation der Eingangsdaten erforderlich (5.3.1 und 5.3.2). Im nächsten Schritt wird die geeignete Konfiguration des Unscented Kalman Filters identifiziert (5.3.3).

### 5.3.1 Auswahl der Eingangsdaten

*Input data selection*

Die thermo-energetische Wirkungskette strukturiert mögliche Ursachen des thermo-elastischen Verhaltens in die Kategorien "Prozess", "Umgebung" sowie „Leistungsverluste und Kinematik", vgl. Bild 2-20. Ziel der Modellierung, die in diesem Kapitel vorgestellt wird, ist die Abbildung der beiden letztgenannten Kategorien. Um dieses Ziel erreichen zu können, müssen dem Modell Eingangsdaten zur Verfügung stehen, die einen Bezug zu den Ursachen der zugrundeliegenden physikalischen Zusammenhänge aufweisen. Das Eingangsdatum ist also der Parameter $u$ des jeweiligen PT-Glieds. Nachfolgend wird eine entsprechende Auswahl getroffen.

**Verlagerung**

Die in Kapitel 0 vorgestellten Messmethode erfassten 13 von 21 thermo-elastische Fehler des TCP (6 Geradheiten, 3 Rechtwinkligkeiten, Positionierfehler der X- und Y-Achse, Rollfehler der X- und Y-Achse). Die Rollfehler wurden hier trotz ihrer hohen Unsicherheit zwecks Korrektur verwendet, da sie den Summenfehler des TCP in relevantem Maße beeinflusst haben und so ein besseres Korrekturergebnis erzielt werden konnte. Diese stehen dem Modell ebenfalls zur Verfügung. Sie werden im Kontext des lernenden Modells als Abgleich für die errechneten Modellwerte genutzt.

**Umgebung**

Für den Umgebungseinfluss an Werkzeugmaschinen sind insbesondere die Umgebungstemperatur und die Strömungsgeschwindigkeit des Umgebungsmediums ausschlaggebend. Bild 5-4 zeigt die Ergebnisse einer Beispielrechnung von Brecher, Kneer, Spierling, Frekers und Fey für eine angenommene Temperatur der Werkzeugmaschine von 30°C. Der Einfluss von Umgebungstemperatur $T_U$ und Strömungsgeschwindigkeit $v$ auf den konvektiven Wärmeübertrag eines Bearbeitungszentrums mit Umhausung zeigt, dass beide Faktoren relevant sind, der Einfluss der Umgebungstemperatur jedoch für die untersuchten Wertebereiche größer ist. [BREC 18]

Für diese Arbeit wird daher für den Umgebungseinfluss initial ein Aufbau mit 21 Temperatursensoren (PT100) um die Maschine verwendet, siehe Bild 5-5. Der Einfluss konnte mit dem gemittelten Ergebnis von vier Sensoren an einem Stativ im vertikalen Abstand von 160 cm bzw. 155 cm zufriedenstellend abgebildet werden. Alle Ergebnisse dieser Arbeit basieren auf diesem Mittelwert. Abstände und Höhe der Sensoren sind an den Empfehlungen von Wissmann orientiert [WISS 14]. Der Einsatz von nur vier statt 21 Temperatursensoren unterstützt dabei den kosteneffizienten messtechnischen Ansatz.

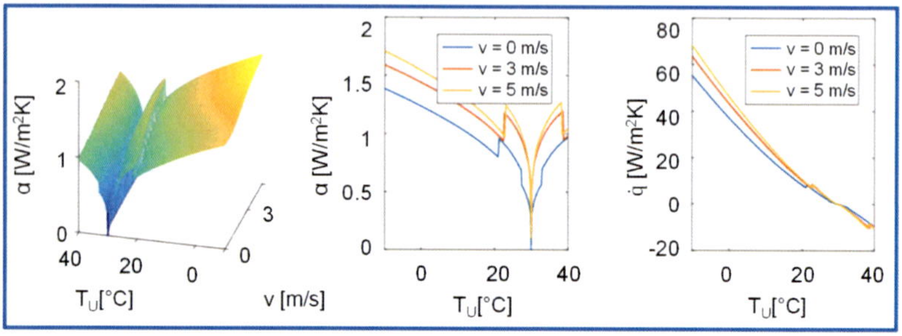


**Bild 5-4: Faktoren auf den Umgebungseinfluss [BREC 18]**

*Factors of environmental impact [BREC 18]*

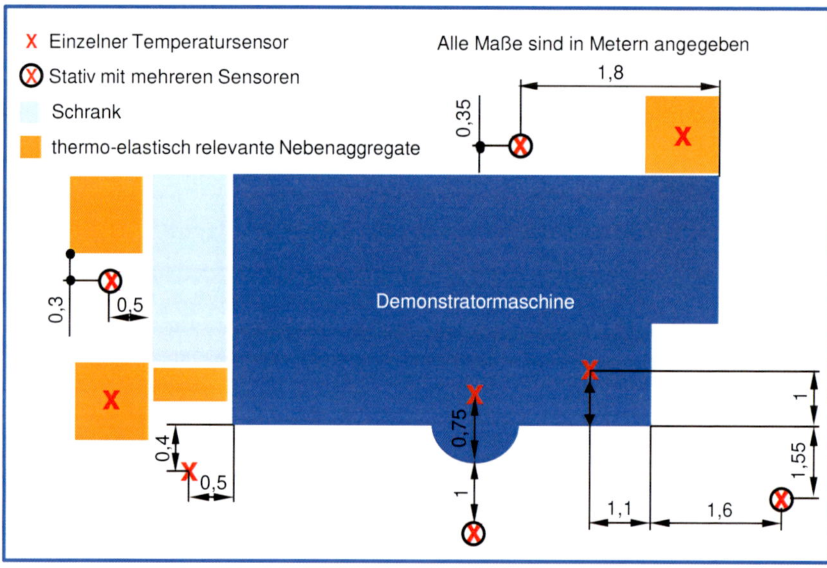


**Bild 5-5: Ausgewählte Messpositionen zur Erfassung der Umgebungstemperatur**

*Chosen measurement positions to acquire environmental temperatures*

**Leistungsverluste und Kinematik**

Die Leistungsverluste von Mediensystemen und elektrischen Antrieben sowie der Einfluss der Kinematik bilden die inneren Wärmequellen der Werkzeugmaschine. Bereits 1975 haben Okushima et al. vorgestellt, dass das thermo-elastische Verhalten auf Basis von Steuerungsgrößen korrigiert werden kann [OKUS 75]. Dies ist weiterhin ein schlüssiges Vorgehen, da das Betriebsverhalten der relevanten Maschinenbaugruppen und

-komponenten durch die Steuerung vorgegeben wird. Durch die Installation einer Datenaufzeichnung an der Demonstratormaschine sind eine Vielzahl gängiger Eingangsgrößen, wie Position, Geschwindigkeit, Vorschub, Achsströme, etc. verfügbar.

Zur Korrektur der Positioniergenauigkeiten wird auf jedem der Gehäuse der drei Linearmaßstäbe der Demonstratormaschine ein Temperatursensor (PT100) installiert, um dessen thermo-elastische Dehnung auszugleichen, siehe exemplarisch Bild 5-6 [HEID 21].

Durch die Applikation des Temperatursensors auf dem Gehäuse ist ein kleiner Fehler gegenüber der realen Temperatur des geätzten Maßstabs im Innern zu erwarten. Das Gehäusematerial aus Aluminium, die kompakte Bauweise der Gesamtbaugruppe und eine mögliche Spülung mit Druckluft führen hier zu einem akzeptabel kleinen Fehler. Die Eignung dieses Vorgehens ist durch Wennemer bereits belegt worden [WENN 18]. Für Maschinen mit Maßstäben ohne relevante thermo-elastische Dehnung (Zerodur-Maßstäbe) kann auf diese Sensoren und diese Korrektur verzichtet werden.

Für die industrielle Anwendung wird ergänzend eine Modellierung der Werkstückdehnung empfohlen, da ein möglicherweise positiver Effekt der thermo-elastischen Maßstabdehnung bei der Kompensation der Werkstückdehnung wegfällt. Da diese Arbeit die Korrektur der Maschine fokussiert, wird die Werkstückdehnung nicht weitergehend behandelt. Vertiefend wird für das Thema Werkstückdehnung auf die Ergebnisse des Schwerpunktprogramms 1480 der DFG verwiesen [BIER 15].

Für alle anderen mit dem in Kapitel 4 vorgestellten Messaufbau messbaren Fehler nutzt die in dieser Arbeit vorgestellte Korrektur Effektivwerte der Ströme von Achsantrieben.

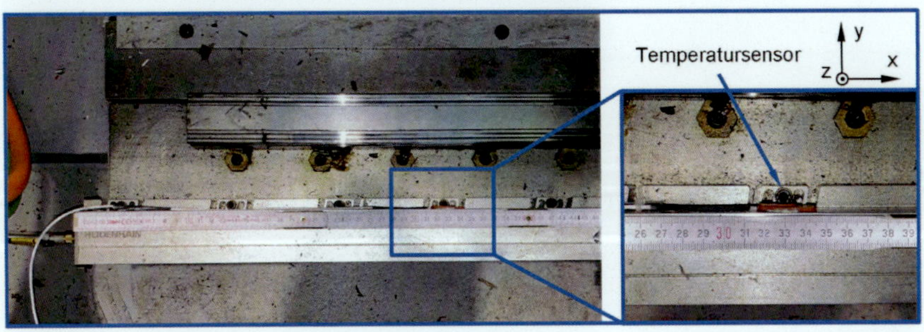


**Bild 5-6: Temperaturmessung am Glasmaßstab der X-Achse**

*Temperature measurement on x-axis glass scale*

### 5.3.2 Vorverarbeitung der Eingangsdaten

*Pre-processing of input data*

#### Verlagerungen

Für die Neuberechnung der $PT_1$ Parameter werden die Verlagerungsdaten des Messsystems ebenfalls vorverarbeitet. Dies erfolgt jeweils nach Durchführung einer Messung. Für alle mit dem Messsystem aus Kapitel 0 erfassten thermo-elastischen Maschinenfehler erfolgt darüber hinaus eine Aggregation in zeitlicher Dimension. Dieses Vorgehen lehnt sich an das Vorgehen von Wennemer zur Aggregation von geometrischen und thermo-elastischen Fehlern im Volumen an [WENN 18]. Es kann dadurch eine deutliche Reduktion von Ausreißern und Messrauschen sowie eine Glättung des übergeordneten Tagestrends erreicht werden. Mögliche Nachteile sind eine Glättung der Amplituden zeitlich kurzfristiger Verlagerungen. In dieser Arbeit erfolgt eine Glättung über fünf Messungen respektive 1 Stunde und 20 Minuten. Für einen exemplarischen Fehler *E* ist die Berechnung in Gl. (5-7) aufgeführt. Ein beispielhaftes Ergebnis der Glättung einer Positioniergenauigkeit ist in Bild 5-7 dargestellt.

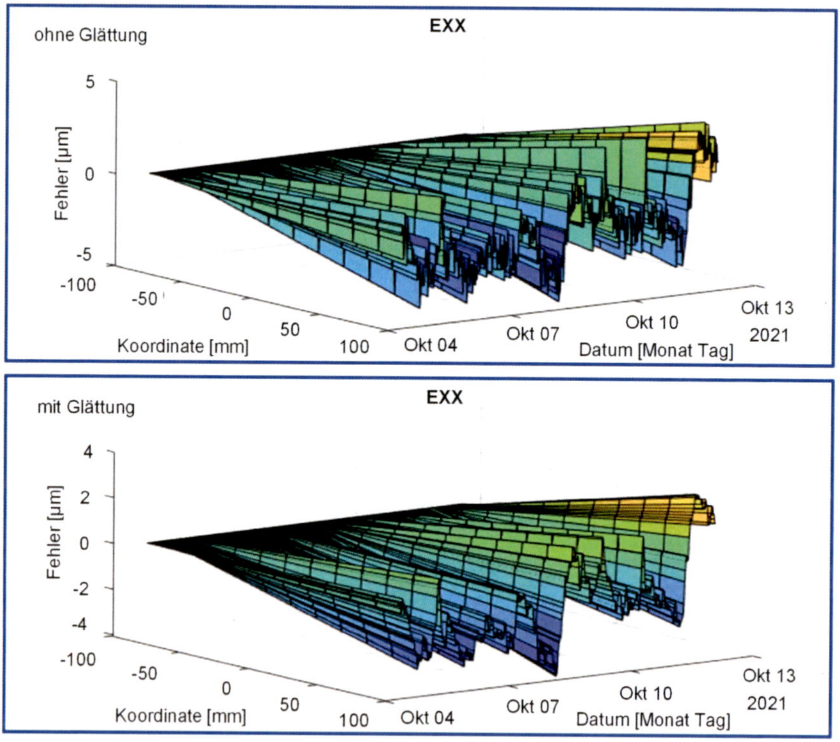


**Bild 5-7:** **Glättung der Verlagerungsmessungen**

*Smoothing of the deviation measurement*

$$E(t) = \frac{5}{2} \cdot [0{,}25 \quad 0{,}5 \quad 1 \quad 0{,}5 \quad 0{,}25] \cdot \begin{bmatrix} E(t-2) \\ E(t-1) \\ E(t) \\ E(t+1) \\ E(t+2) \end{bmatrix} \tag{5-7}$$

Der individuelle Glättungsfaktor hängt von der jeweiligen Versuchsmaschine ab, da thermo-elastisch trägere Maschinen einer geringeren Glättung bedürfen. Für die bis zu 11 Messlinien der Einzelfehler wird die zeitliche Aggregation durchgeführt. Die darauf aufbauende Modellierung wird also bis zu 11-mal je Fehler parametriert.

**Umgebungstemperaturen, Linearmaßstabtemperaturen und Steuerungsdaten**

Die Sprungkonstanten von Werkzeugmaschinen liegen im Bereich von 10 Minuten bis 8 Stunden [JUNG 00]. Eine Neuberechnung der thermo-elastischen Fehler mittels der $PT_1$ Glieder ist damit in für den Anwendungsfall angemessenen Zeitabständen durchzuführen. Dies betrifft die Umgebungstemperaturen, die Temperaturen der Maßstäbe sowie die Steuerungsdaten. Zur Reduktion des notwendigen Rechenaufwands werden diese vorverarbeitet. Weitergehend wird durch das Vorgehen verhindert, dass einzelne Ausreißer in den Messwerten zu stark verfälschten Korrekturwerten führen. Für diese Arbeit wurde in Anlehnung an Wennemer die Messwerte aus einem Zeitintervall von 120 Sekunden gemittelt [WENN 18]. So werden bei der minimal denkbaren Zeitkonstante von 10 Minuten noch fünf Punkte im Bereich des Anstiegs eines PT-Glieds berechnet. Exemplarisch ist in Bild 5-8 oben der über das genannte Zeitintervall der Effektivwert des Stroms eines Achsmotors dargestellt. Der Effektivwert ist geeignet, da die durch das Vorzeichen angegebene Drehrichtung für die wärmetechnischen Verlustleitungen irrelevant ist.

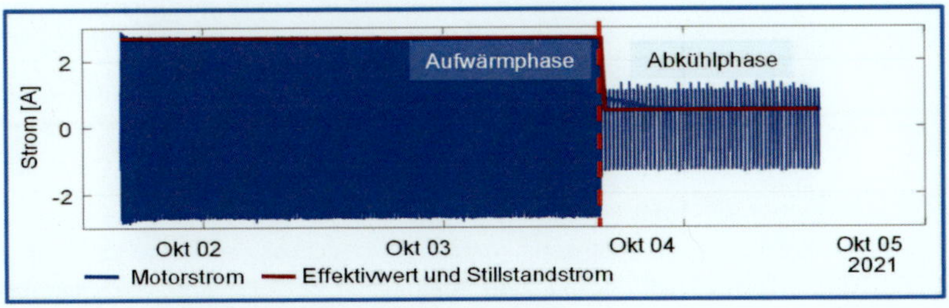


**Bild 5-8:** **Vorverarbeitete $PT_1$ Eingangsdaten Ströme**

*Pre-processed $PT_1$ input data currents*

In Bild 5-9 ist ein gemittelter Umgebungstemperaturverlauf gezeigt. Eine Tagesschwankung ist sichtbar. Am Wochenende (30.09. und 01.10.21) ist ein Temperaturabfall zu beobachten.

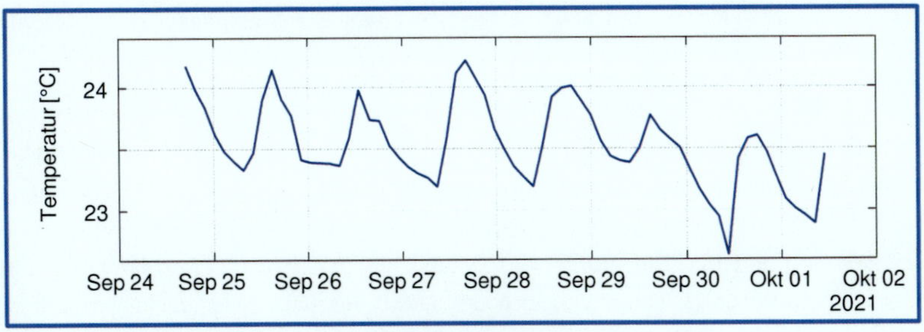


**Bild 5-9:** **Vorverarbeitete $PT_1$ Eingangsdaten Temperaturen**

*Pre-processed $PT_1$ input data temperatures*

### 5.3.3 Konfiguration des Unscented Kalman Filter

*Configuration of unscented Kalman filter*

**UKF Einstellparameter**

Der UKF wird über drei Einstellparameter α, β und κ konfiguriert. Aus der Literatur sind mögliche Werte bekannt [WAN 99]. Es existieren keine vollständigen Einstellregeln. Die gegebenen Werte lieferten jedoch kein zufriedenstellendes Ergebnis für alle Fälle, siehe Bild 5-10 (rechts, oben). Da eine verbesserte Parameterauswahl sinnvoll ist, wird der Parametersatz mittels einer Monte Carlo Simulation bestimmt. Von der Simulation ausgenommen ist $\beta$, da gemäß Literatur für normalverteilte Eingangsdaten $\beta = 2$ gelten soll und davon abweichende Werte in der Monte Carlo Simulation keine besseren Ergebnisse erzielten. Für alle anderen Parameter ist jeweils ein Wertebereich auf Erfahrungsbasis vorgegeben, siehe Tabelle 5-1.

**Tabelle 5-1: Wertebereiche der UKF-Einstellparameter**

*Value range of the UKF tuning parameters*

| **Parameter** | $\alpha$ | $\kappa$ | $T_{Start}$ | $Q$ |
|---|---|---|---|---|
| Wertebereich | 0 bis 1 | 0 bis 10 | 0.1 bis 10 | 0.1 bis 100 |

Bild 5-10 (links) zeigt exemplarisch das Ergebnis des lernenden Modells mit optimierten Einstellparametern für den UKF.

**UKF Schätzintervall**

Wie in Unterkapitel 5.1 bereits umrissen, werden in regelmäßigen Abständen neue Verlagerungsmessungen benötigt, um eine Aktualisierung der $PT_1$ Parameter durch die UKF vorzunehmen. Dabei steht eine mögliche Steigerung der Abbildungsgenauigkeit der Modelle und die damit einhergehende Steigerung der Fertigungsqualität in Konkurrenz zur Produktivitätssenkung infolge der Messdurchführung im Maschinenbetrieb. Dies gilt nur für Messungen, die nicht in Nebenzeiten durchgeführt werden können. Da viele Maßnahmen zur Optimierung der Produktivität jedoch auf eine Reduktion der Nebenzeiten zielen, wird nachfolgend vom schlechtesten Fall ausgegangen, dass alle Messungen in der Hauptzeit durchgeführt werden müssen.

In Bild 5-11 ist die Abbildungsgüte für die Positioniergenauigkeit eines Umgebungsversuchs für unterschiedliche Schätzintervalle dargestellt. Das Schätzintervall bezeichnet damit den zeitlichen Abstand der zur Modellaktualisierung verwendeten Messungen. Bewertungskriterien sind der bereits eingeführte RMSE und PV, siehe Abschnitte 4.4.1 und 5.2. Die durch das Model als Basis einer Korrektur erzielbare Verbesserung wird durch einen Vergleich des RMSE des unkorrigierten Fehlers mit dem errechneten Modellwert bestimmt.

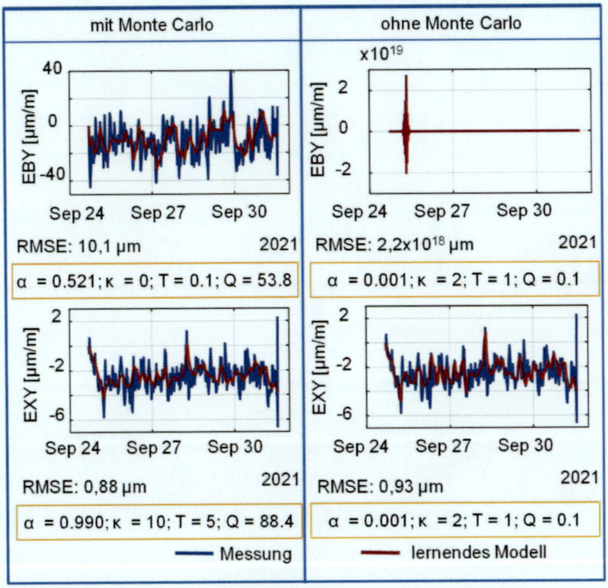


**Bild 5-10: Monte Carlo Optimierung der UKF Einstellparameter [SPIE 23]**

*Monte Carlo method optimization of the UKF tuning parameters [SPIE 23]*

Es zeigt sich eine gleichmäßige Zunahme des RMSE-Werts mit ansteigenden Schätzintervall. Der PV-Wert zeigen einen deutlichen Sprung beim Anstieg des Schätzintervalls auf 3 Stunden. Damit einhergehend werden Verlagerungen über größere Zeitintervalle nicht mehr oder nur eingeschränkt abgebildet, z. B. am 26. und 27. September.

Der maximale Produktivitätsverlust $P$ (keine Messung in Nebenzeiten) berechnet sich aus dem Schätzintervall $t_{Schätz}$ und der Messzeit $t_{mess}$ von 4 Minuten (vgl. 4.2.1). Für die verschiedenen Schätzintervalle sind die Ergebnisse in Tabelle 5-2 aufgeführt.

$$P = \frac{t_{mess}}{t_{Schätz}} \cdot 100\% \tag{5-8}$$

**Tabelle 5-2: Qualitätsgewinn und Produktivitätsverlust der Schätzintervalle der UKF [SPIE 23]**

*Quality improvement and productivity loss of the UKF estimation intervals [SPIE 23]*

| **Schätzintervall** | | **1 Stunde** | **2 Stunden** | **3 Stunden** |
|---|---|---|---|---|
| Qualitätsgewinn | RMSE | 89,2% | 81,7% | 78,7% |
| | PV | 57,1% | 51,4% | 28,6% |
| Produktivitätsverlust | | 6,7% | 3,3% | 2,2% |

Mit Blick auf die industrielle Anwendung kann für den jeweiligen Anwendungsfall individuell bewertet werden, ob der Qualitätsgewinn den Produktivitätsverlust rechtfertigt. Für diese

Arbeit wird ein Schätzintervall von 2 Stunden als Kompromiss von Abbildungsgenauigkeit und Produktivitätsverlust gewählt.

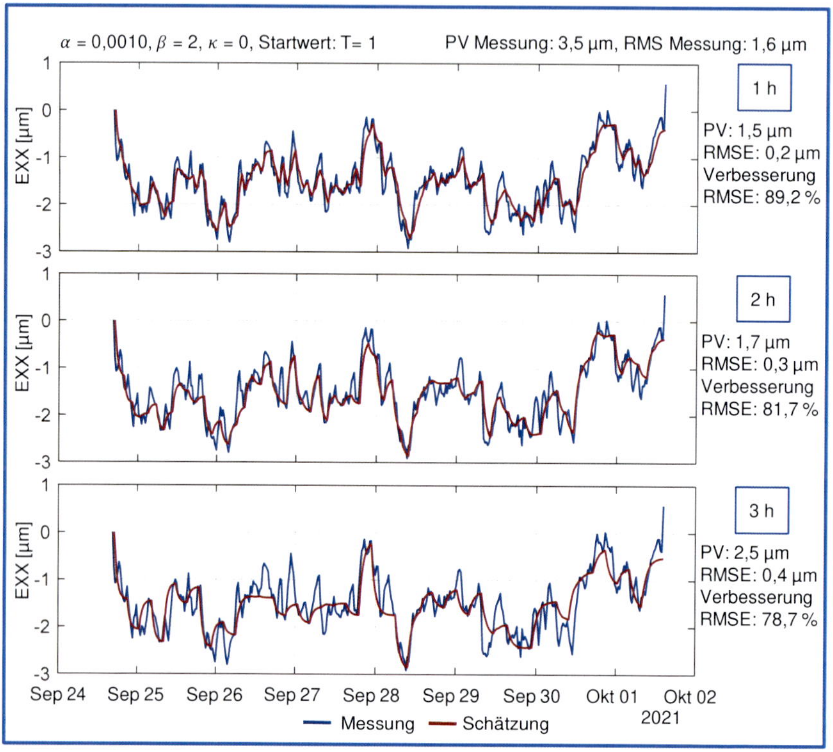


**Bild 5-11: Einfluss der UKF Schätzintervalle auf die Abbildungsgenauigkeit [SPIE 23]**

*Influence of the UKF approximation intervals of the model accuracy* ***[SPIE 23]***

## 5.4 Experimentelle Validierung des lernenden Modells

*Validation of the learning model*

Das vorgestellte Modell ist lernfähig, es adaptiert sich also regelmäßig an neue in den Messdaten abgebildete Lastfälle. Eine Validierung muss den Fehler der Abbildung zu gemessenen Daten einordnen. Nachfolgend wird hierfür jeweils der summierte Fehler aller berücksichtigen thermo-elastischen Einzelfehler auf der Volumendiagonale des Arbeitsraums der Demonstratormaschine herangezogen, da eine Einzelbewertung alle Fehler sehr kleinteilig ist. Die in Absatz 5.3 definierten Lastfälle umfassen dabei den thermo-elastischen Umgebungseinfluss sowie die thermo-elastischen Einflüsse aus Leistungsverlusten der Antriebe und der Kinematik. Die Lastfälle werden dabei mittels einer kombinierten Korrektur für beide Einflüsse adressiert.

Basis der Validierung ist eine Messreihe über mehr als drei Wochen. Dabei wird zuerst die X-Achse belastet. Hierfür werden die Vorschübe 0 mm/min, 5000 mm/min, 7500 mm/min, 10000 mm/min, 12500 mm/min oder 15000 mm/min für jeweils eine Stunde in zufälliger Reihenfolge für 85 Stunden gefahren. Die Y- und Z-Achse werden danach auf gleiche Art und Weise belastet. Diese Versuchsabschnitte zielen auf eine Validierung der einzelnen Achslasten ab. Als nächstes werden die drei Achsen jeweils im Wechsel für eine Stunde zufällig belastet. Dieser Versuchsabschnitt dauert 84 Stunden und zielt auf überlappende Effekte aus mehreren Achsen ab. Eine Abkühlung über 165 Stunden bildet den letzten Versuchsabschnitt und dient zur besonderen Beurteilung der Umgebungskorrektur. Das beschriebene Geschwindigkeitsprofil der Achsen im Verlauf des Valdierungsversuchs ist in Bild 5-12 gezeigt.

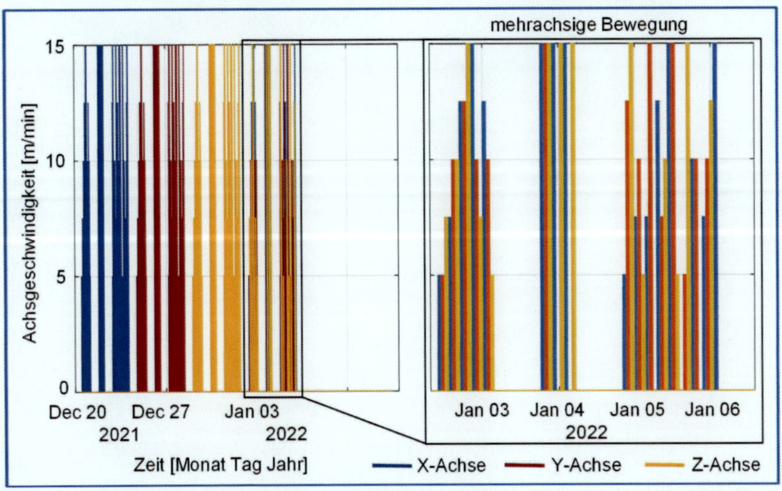


**Bild 5-12: Achsgeschwindigkeit Validierungsversuch [SPIE 23]**

*Axes speeds validation experiment [SPIE 23]*

Während des kompletten Versuchs wird alle 20 Minuten eine Messung durchgeführt, wobei dem lernenden Modell jedoch nur jede sechste Messung zur Verfügung gestellt wird, was dem bestimmten Schätzintervall von 2 Stunden entspricht, vgl. Abschnitt 5.3.3. Zur Bewertung der Ergebnisse werden erneut RMSE und PV herangezogen, siehe Abschnitte 4.4.1 und 5.2.

Aus Vorversuchen ist für die genutzte Demonstratormaschine der hohe Einfluss der Umgebung bekannt, der deshalb in einem ersten Schritt korrigiert wird. Die dargestellten Ergebnisse in Bild 5-13 zeigen eine Senkung des RMSE um 47% bei einer gleichzeitigen leichten Steigerung des PV um 8%. Die Umgebungskorrektur umfasst alle 13 messbaren Fehler des Messsystems, da alle einen relevanten Einfluss auf den Summenfehler gezeigt haben. Es kommt im Mittel also zu einer deutlichen Fehlerreduktion, aber der maximal mögliche Fehler steigt leicht an. Durch die Überlagerung verschiedener Effekte im Versuchsspektrum kann hier auch ein gegenläufiger Effekt von Umgebungs- und Achslast ursächlich sein. Der Anstieg bietet daher vorerst nicht eindeutig einen Grund zur negativen Beurteilung der Ergebnisse. Eine weitergehende Einordnung wird nach der Korrektur der Achslast vorgenommen werden.

Im nächsten Schritt wird auf den Restfehler der Umgebungskorrektur die Achslastkorrektur angewandt. Dadurch soll eine konkurrierende Anpassung der verschiedenen lernenden Modelle verhindert werden.

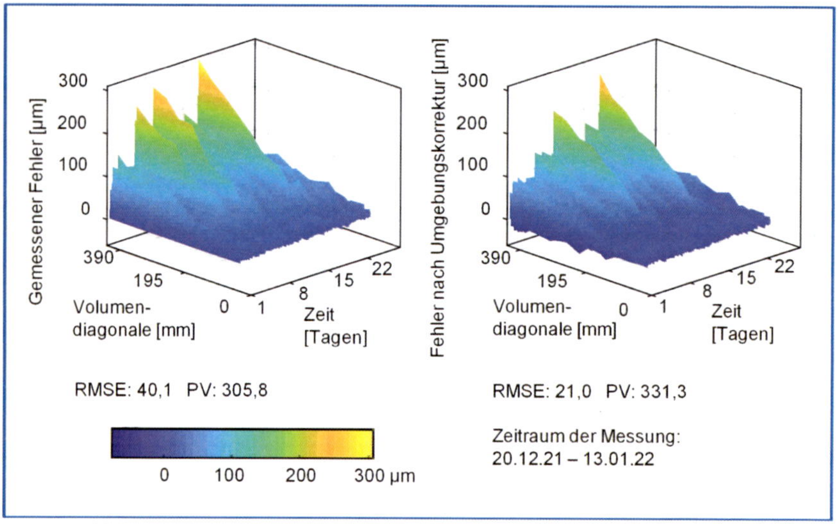


**Bild 5-13:** **Gemessener Fehler (links) und Ergebnis der Umgebungskorrektur (rechts) [SPIE 23]**

*Measured error (left) and result of the environmental correction (right) [SPIE 23]*

Für die gemessenen Positioniergenauigkeiten erfolgt gemäß Unterkapitel 5.1 erst eine lineare Korrektur auf Basis der gemessenen Maßstabskorrektur, siehe Bild 5-14.

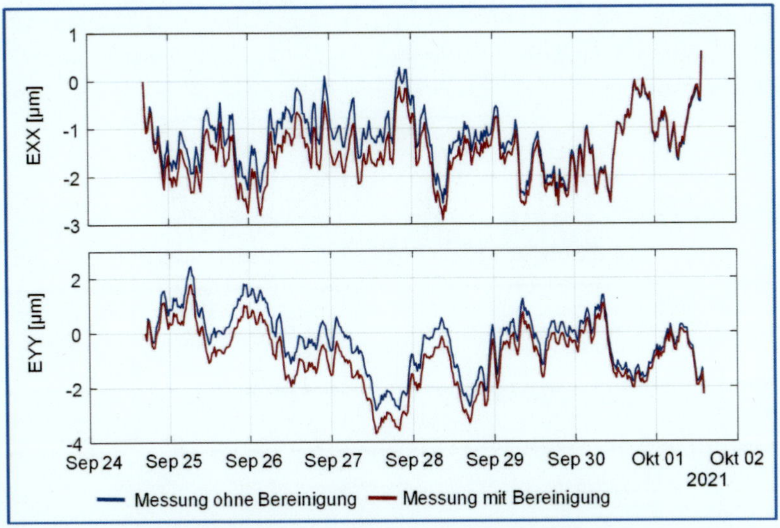


**Bild 5-14: Korrektur einer Positioniergenauigkeit um die thermo-elastische Maßstabsdehnung**

*Positioning accuracy corrected by the thermo-elastic linear scale elongation*

Die Anwendung des lernenden Modells auf den Restfehler ist in Bild 5-15 und Bild 5-16 gezeigt. Vom bereits geringen Niveau der ursprünglichen Messung kann eine weitere Verbesserung des RMSE um 54,5% in X-Richtung und 61.5% in Y-Richtung erzielt werden. Außerdem wird eine deutliche Senkung der PV erreicht. Der Restfehler ist für beide Achsrichtungen danach unter ±2 µm, was als sehr gut eingeordnet wird. Die Korrektur des nichtlinearen Restfehlers belegt den Nutzen des Vorgehens zur Korrektur der Positioniergenauigkeit.

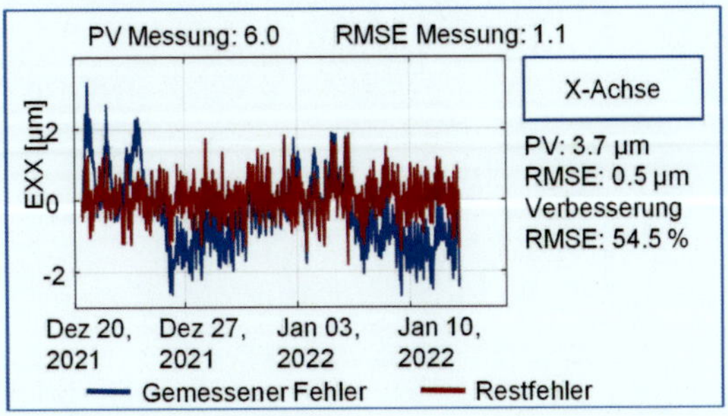


**Bild 5-15: Achslastkorrektur der Positioniergenauigkeit der X-Achse [SPIE 23]**

*Axis load correction of x-axis positioning accuracy [SPIE 23]*

Die Korrektur des Einflusses der Achslasten berücksichtigt nur die Fehler, die einen relevanten Einfluss auf den Summenfehler gezeigt haben. Auch hier kommen alle 13 messbaren Fehler mit Ausnahme der bereits korrigierten Positioniergenauigkeiten infrage. Eine solche Auswahl hängt vom individuellen thermo-elastischen Verhalten der Demonstratormaschine ab. Da als

Eingangsgröße die Effektivwerte der Ströme aller drei Achsantriebe zur Verfügung stehen, ist für jeden Fehler der Einfluss der unterschiedlichen Achsen zu prüfen. Exemplarisch ist in Bild 5-17 gezeigt, dass dieser Einfluss stark unterschiedlich ausgeprägt sein kann.

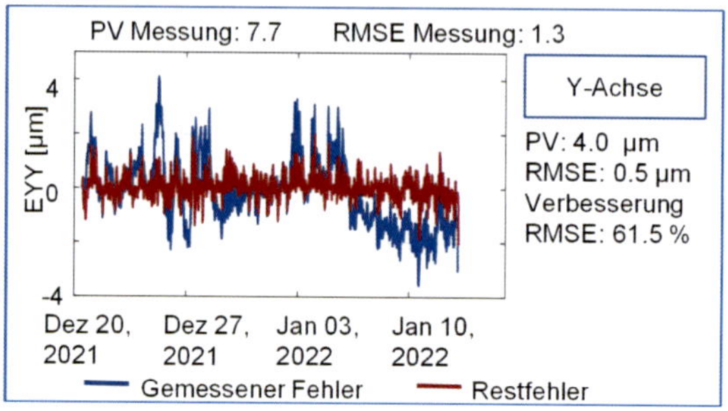


**Bild 5-16: Achslastkorrektur der Positioniergenauigkeit der Y-Achse [SPIE 23]**

*Axis load correction of y-axis positioning accuracy [SPIE 23]*

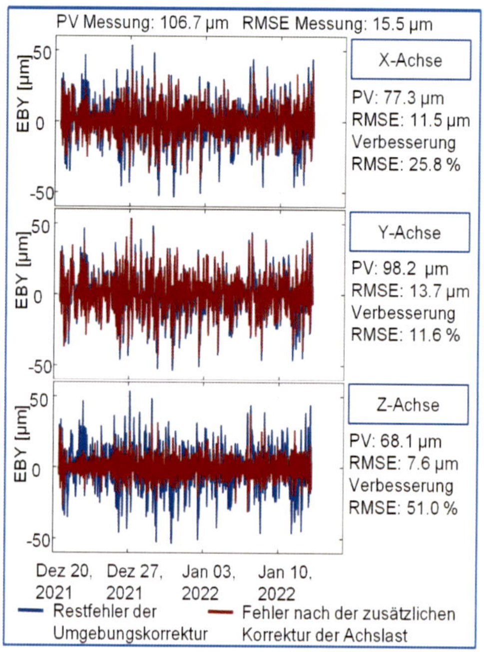


**Bild 5-17: Einfluss verschiedener Achsen auf EBY [SPIE 23]**

*Impact of different axis on EBY* [SPIE 23]

Die erzielte RMSE-Verbesserung der Achslastkorrektur in Z ist rund doppelt so gut, wie die Achslastkorrektur der X-Achse und viermal zu gut, wie die Korrektur auf Basis des Y-Achsstroms. Der PV für die Z-Achse sinkt dabei mit Abstand am stärksten. Weiteres

Kriterium zur Auswahl der relevanten Korrekturen ist, dass diese bei Anwendung auf dem verbleibenden Fehler keine Verschlechterung des Gesamtergebnisses herbeiführen.

Für die Korrektur der Achslasten findet unter diesen Gesichtspunkten eine Korrektur von EAX, EA0Z, EB0Z, EC0Y, EXZ, EYZ und EZX auf Basis des Effektivwerts des Stroms der Z-Achse statt. Die summierte Anwendung dieser Korrekturen führt zu dem in Bild 5-18 dargestellten Ergebnis. Der RMSE sinkt durch die Achslastkorrektur weiter ab auf 64,8% und der durch die Umgebungskorrektur noch leicht gesteigerte PV verbessert sich um 65%. Beide Werte sind in Bezug auf die ursprüngliche unkorrigierte Messung angegeben.

Unter Berücksichtigung der langen Versuchsdauer von über drei Wochen und der Leistungsfähigkeit anderer in der Literatur beschriebener Ansätze (siehe 2.3.3) werden die Ergebnisse vom Autor als gut eingeordnet.

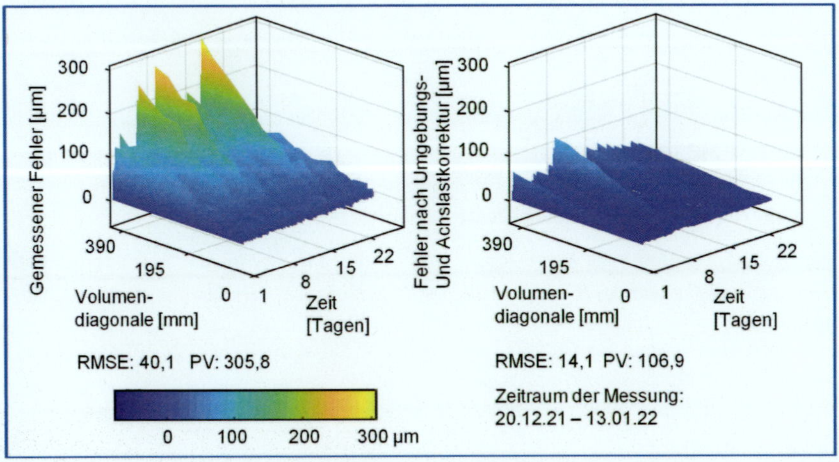


**Bild 5-18: Gemessener Fehler (links) und Ergebnis der Umgebungs- und Achslastkorrektur (rechts) [SPIE 23]**

*Measured error (left) and result of the environmental and axis load correction (right) [SPIE 23]*

## 5.5 Kapitelfazit

*Chapter conclusion*

Mittels der Messergebenisse des in Kapitel 4 validierten Messsystems, maschineninterner Daten und gemessenen Umgebungstemperaturen werden die Parameter von Verzögerungsgliedern durch ein lernendes Modell regelmäßig aktualisiert. Das Modell kann dabei das nichtlineare thermo-elastische Verhalten von Werkzeugmaschinen abbilden (5.1). Die Aktualisierung der Parameter wird durch einen Unscented Kalman Filter vorgenommen. Diese datengetriebene Modellierung ergänzt das Messsystem während der Bearbeitung. Der UKF kommt in einer Variante als Parameterschätzer zum Einsatz (5.2). Unterkapitel 5.3 thematisiert die Parametrierung des Modells. Eingangs ist hier das Vorgehen zur Aggregation der Eingangsdaten des Modells Thema. Im weiteren Verlauf wird ein Zeitintervall von 2 Stunden für die Durchführung einer weiteren Messung zur Neuparametrierung als besonders geeignet bestimmt. Dies entspricht einem Produktivitätsverlust durch die Messzeit von 3,3%.

Eine experimentelle Validierung für thermo-elastische Umgebungs- und Achslasten belegt die Wirksamkeit des Modells (5.4). Es wird ein Korrekturergebnis von 65% PV-Verbesserung und 64,8% RMSE-Verbesserung erreicht. Die angegebenen Verbesserungen wurden rechnerisch ermittelt und nicht mit einem unabhängigen Messsystem untersucht.

Die zweite Forschungsfrage dieser Arbeit *„Wie ist eine auf die Messmethode abgestimmte, lernende Modellierung des thermo-elastischen Maschinenverhaltens zu gestalten?“* ist damit beantwortet.

# 6 Zusammenfassung und Ausblick

*Summary and Outlook*

## 6.1 Zusammenfassung

*Summary*

Die Arbeit befasst sich mit einer Methode zur Erfassung und Modellierung des thermo-elastischen Verhaltens von Fräsmaschinen. Eine Einleitung zeigt die Relevanz des Feldes auf und motiviert die Zwischenüberprüfung dieses Verhaltens während des Betriebs (Kapitel 1).

Der Stand der Technik arbeitet die theoretischen Grundlagen der geometrischen Kalibrierung von Werkzeugmaschinen und der Modellierung ihres thermo-elastischen Verhaltens auf (Kapitel 2). Für die Kalibrierung liegt hierbei der Fokus auf Methoden, die eine Zwischenüberprüfung während des Betriebs ermöglichen. Der Schwerpunkt der Modellierung liegt auf Arbeiten, die dem maschinellen Lernen zugeordnet werden. Abschließend wird die Lücke im Stand der Technik herausgearbeitet, die diese Arbeit adressiert.

Aufbauend auf dieser Lücke werden zwei Forschungsfragen ausgearbeitet und ein methodischer Forschungsansatz zur Beantwortung dieser Fragen vorgestellt (Kapitel 3). Es wird eine kosteneffiziente, maschinenintegrierte Messmethode für kleine und mittlere 3-Achs Fräsmaschinen auf Basis des photo-elektrischen Effekts erarbeitet. Diese Messmethode wird durch ein lernendes Modell auf Basis von maschineninternen Daten und Temperaturmessungen ergänzt.

Die Messmethode wird in Kapitel 4 erarbeitet. Erfasst werden relative Verlagerungen bezogen auf eine initiale Referenzmessung. Ein flexibel an verschiedene Arbeitsräume anpassbarer Aufbau nutzt kostengünstige Bauteile. Ein Messmodell leitet auf Basis einer Referenzmessung 13 thermo-elastische Fehler der Kinematik ab. Dies umfasst sechs Geradheiten, drei Rechtwinkligkeiten, zwei Positioniergenauigkeiten und zwei Rollfehler. Nicht erfasst werden die Abbe-Fehler bedingenden Nickfehler der Achsen, die in Abhängigkeit der Länge der Abbe-Hebel einen gesteigerten Einfluss auf den thermo-elastischen Summenfehler haben können. Daher fokussiert das System kleine und mittlere Bearbeitungszentren, weil die Abbe-Hebel hier kurz sind. Eine Analyse der Messunsicherheiten ordnet die erreichbare Messgenauigkeit respektive Korrekturqualität der messbaren Fehler ein. Dabei sind die gemessenen Rollfehler ggf. nur eingeschränkt nutzbar. Die gemessenen einzelnen Geradheiten sowie die mit dem Messmodel bestimmten geometrischen Fehler wurden experimentell validiert.

Ein lernendes Modell ergänzt die Messmethode (Kapitel 5) während des produktiven Maschinenbetriebs. Das auf Verzögerungsglieder erster Ordnung und Uncented Kalman Filter aufbauende Modell kann nichtlineare thermo-elastische Fehler zwecks Korrektur abbilden. Dem Produktivitätsverlust durch die Messzeit von 3,3% steht mit der kombinierten Nutzung von Messmethode und Modell ein Korrekturergebnis von 65% PV-Verbesserung und 64,8% RMSE-Verbesserung gegenüber.

## 6.2 Ausblick

*Outlook*

Aus Sicht des Autors gibt es vielfältige mögliche Verbesserungspotentiale. Dies umfasst optimierte Strahlverläufe des Messaufbaus, weitere mögliche Ansätze zur Verbesserung der Messunsicherheit, eine Erweiterung der Modellierung um ein Spindelmodell sowie den Einsatz von Kühlschmierstoff und Untersuchungen zur effizienten Parametrierung des lernenden Modells respektive möglicher abgeleiteter Modelle.

Ein Strahlverlauf, der z. B. unter Zuhilfenahme von Strahlteilern bereits nach einer kürzeren Strahllänge alle drei Koordinatenrichtungen umfasst, könnte geringere Unsicherheitsbeiträge in den Einzelsegmenten aufweisen, siehe Bild 6-1. Mögliche Fehler der Strahlteiler würden auch durch den Vergleich zu einer Referenzmessung eliminiert.

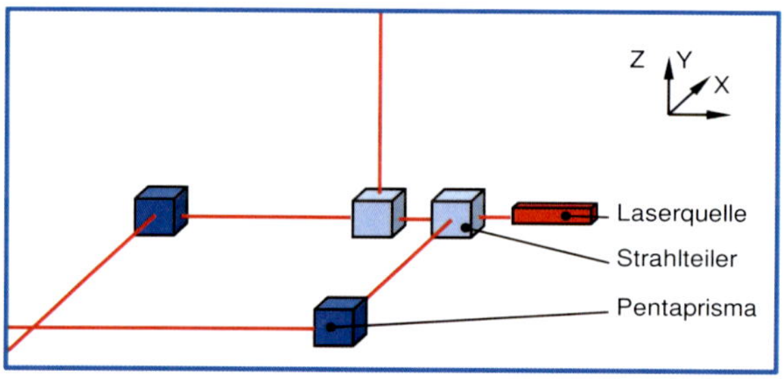


**Bild 6-1: Möglicher alternativer Strahlengang**

*Possible alternative beam path*

Weiterhin gibt es in der Literatur bereits Messaufbauten zur Erfassung von Rundlauf und Parallelität von Drehachsen, siehe Bild 6-2 [BREC 17]. Der Messaufbau wäre hiermit auch für Fräsmaschinen-Kinematiken mit Drehachsen erweiterbar. Es wird lediglich ein zusätzlicher Laser je Drehachse benötigt. Insbesondere die Möglichkeit Lagefehler der Drehachsen zu erfassen ist besonders vielversprechend, da diese in hohem Maße zum Gesamtfehler dieser Kinematiken beitragen können.

Der Einsatz von Super-Invar statt Invar im Messaufbau kann zur Reduktion des materialbedingten Unsicherheitsbeitrags beitragen [MÖHR 15]. Darüber hinaus wäre ein Abstimmen der Wicklung der Carbon Stäbe auf die Restdehnung der Invarteile denkbar. Dieses Vorgehen ist aber insbesondere bezüglich der entstehenden zusätzlichen Kosten abzuwägen.

Die Verbesserung der Unsicherheitsberechnung bzgl. der Bewegung des Laserstrahls quer zur Propagationsrichtung in inhomogenen Medien ist ein weiterer möglicher Ansatz. Vertiefend sei hierzu auf Roth und Stahl verwiesen [ROTH 19]. Eine Berücksichtigung des räumlichen Strahlverlaufs in einem möglichen Gradientenfeld könnte diesen Unsicherheitsbeitrag weiter reduzieren. Darüber hinaus könnte eine Erweiterung der Justagemöglichkeiten der

Pentaprismen am Messrahmen den genutzten Bereich der PSD bzw. den korrespondierenden Unsicherheitsbeitrag verringern.

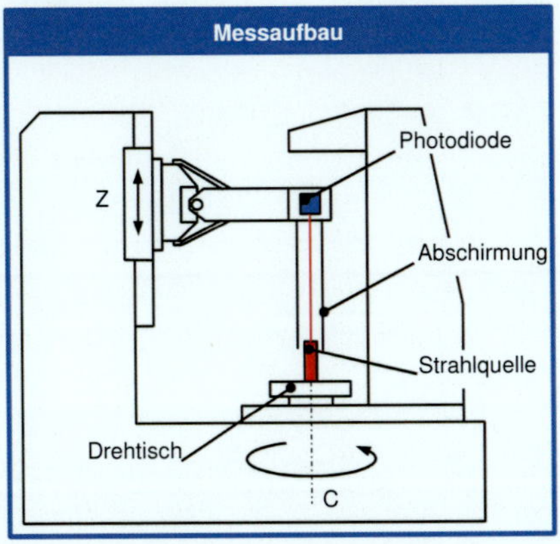


**Bild 6-2: Messaufbau zur Ermittlung von Rundlaufabweichungen des Werkstücktisches und der Parallelität der Tischdrehachse zur Z-Achse [BREC 17]**

*Measurement setup to determine radial runout of the workpiece table and the parallelism of the table axis to Z-axis [BREC 17]*

Die Erweiterung der Modellierung um ein datengetriebenenes Spindelmodell, wie es Brecher, Steinert und Spierling vorgestellt haben, ermöglicht weitergehende Transparenz hinsichtlich der Ursachen der thermo-elastischen TCP-Verlagerung und eine Erfassung des spindelseitigen Anteils der Positioniergenauigkeit der Z-Achse [BREC 21b].

Darüber hinaus ist die Abbildung des Einflusses von Kühlschmierstoff eine sinnvolle Erweiterung der Modellierung, um den Fähigkeitsumfang mit Blick auf eine industrielle Anwendung abzurunden. Dabei ist die Identifikation eines kostengünstigen geeigneten Messaufbaus ein sinnvoller erster Schritt. Darauf aufbauend kann die Anpassung der Modellierung erfolgen.

Weiterhin erlaubt die Modellierung mit dem Kalman Filter die Auswertung beliebiger Lastspektren im Rahmen der Parametrierung. Die Erforschung effizienter Parameterungsstrategien ist von wissenschaftlichem und industriellem Interesse. Dies ist auch insbesondere für die Last infolge des Einsatzes von Kühlschmierstoff sinnvoll. Das industrielle Interesse begründet sich hierbei durch die Einsparung von teuren Versuchszeiten.

Die Möglichkeit der Messmethode und ihrer Erweiterung durch die lernende Modellierung zur Korrektur der TCP-Verlagerung wurden in den vorangegangenen Kapiteln beschrieben. Einer Anwendung des lernenden Modells in der Steuerung der Maschine können Sicherheitsbedenken entgegenstehen, da die Auswirkungen möglicher Fehlleistungen des Modells infolge der komplexen Modellstruktur nicht transparent sind. Die lernende Modellierung eröffnet die Möglichkeit die von Brecher et al. vorgeschlagene Parameterextraktion aus dem Modell durchzuführen, vgl. Unterkapitel 5.1. Die Extraktion der

Parameter für eine auf PT-Gliedern aufbauende Korrektur umgeht die möglichen Bedenken durch den Einsatz des voll deterministischen PT-Modells. Nachfolgend werden zwei exemplarische Anwendungen für die Parameterextraktion skizziert. [BREC 21c]

Nach einer angemessenen Lernperiode kann aus den bestimmten Parametern einen übergeordneter Parametersatz bestimmt werden. Dies ist insbesondere für den Umgebungseinfluss relevant, da der Aufwand zum Training eines vollumfänglichen Parametersatzes, der auch Sonderfälle, wie geöffnete Hallentore im Winter und Sommer, abdeckt, sehr groß ist. Jede mit einem Messsystem ausgestattete Maschine kann dafür einen für ihren Standort spezifischen Parametersatz trainieren. Darauf aufbauend ist es denkbar, dass der Maschinenhersteller den übergeordneten Parametersatz über eine Plattform an andere Nutzer baugleicher Maschinen verteilt. Diese Idee bietet im Kontext neuer Geschäftsmodelle in der Werkzeugmaschinenindustrie entsprechend Potential für Maschinenhersteller, eine zusätzliche Dienstleitung im Lebenszyklus der Maschine anzubieten. Mit einer über den Lebenszyklus der Maschine steigenden Korrekturqualität infolge der Vervollständigung des Parametersatzes ist somit eine Qualitätssteigerung der gefertigten Bauteile zu erwarten. [BREC 21c]

Eine weiter Möglichkeit der Parameterextraktion ist die effiziente Auswertung von Achsversuchen. Das etablierte Vorgehen zum Training mehrerer Stützstellen einer PT Glied Korrektur kann einen erheblichen Versuchsaufwand bedingen. Für jede Stützstelle wird ein Achsversuch benötigt, nach dem die Maschine wieder abkühlen muss. Hintergrund hierfür ist der Bedarf die individuellen Parameter des PT-Glieds bestimmen zu können. Die lernende Korrektur bietet die Möglichkeit einen vollständigen Parametersatz aus einem Versuch zu extrahieren, der das gewünschte Lastspektrum abbildet. Motivation für dieses Vorgehen wäre der erhoffte Zeitgewinn bei Parametrierungsversuchen.

## Summary

The thesis deals with a method to measure and model the thermo-elastic behavior of milling machines. An introduction shows the relevance of the field and motivates the intermediate verification of this behavior during operation (chapter 1).

The state of the art elaborates the theoretical fundamentals of the geometric calibration of machine tools and the modeling of their thermo-elastic behavior (chapter 2). For calibration, the focus here is on methods that enable intermediate verification during operation. For modeling, the focus is on work related to machine learning. Finally, the gap in the state of the art is elaborated, which this thesis addresses.

Building on this gap, two research questions are elaborated and a methodological research approach to answer these questions is presented (Chapter 3). A cost-efficient, machine-integrated measurement method for small and medium 3-axis milling machines based on the photo-electric effect is developed. This measurement method is complemented by a learning model based on machine-internal data and temperature measurements.

The measurement method is developed in chapter 4. Relative displacements are recorded in relation to an initial reference measurement. A setup that can be flexibly adapted to different workspace sizes uses low-cost components. A measurement model derives 13 thermo-elastic errors of the kinematics based on a reference measurement. This includes six straightnesses, three squarenesses, two positioning accuracies and two rolling errors. Not covered are the pitch errors of the axes that cause Abbe errors, which can have an increased influence on the thermo-elastic sum error depending on the length of the Abbe levers. Therefore, the system focuses on small and medium machining centers, because they have short Abbe levers. An analysis of the measurement uncertainties classifies the achievable measurement accuracy or correction quality of the measurable errors. In this context, the measured rolling errors may only be of limited use. The measured individual straightnesses and the geometric errors determined with the measurement model were validated experimentally.

A learning model complements the measurement method (chapter 5) during productive machine operation. The model, which is based on first-order delay elements and Uncented Kalman filters, can map nonlinear thermo-elastic errors for correction. The productivity loss due to measurement time of 3.3% is offset by a correction result of 65% PV improvement and 64.8% RMSE improvement with the combined use of measurement method and model.

# Outlook

From the author's point of view, there are many possible areas for improvement. This includes optimized beam paths of the measurement setup, further possible approaches to improve the measurement uncertainty, an extension of the modeling by a spindle model as well as the use of cooling lubricant and investigations on the efficient parameterization of the learning model respectively possible derived models.

A beam path which, for example with the aid of beam splitters, already includes all three coordinate directions after a shorter beam length, could have lower uncertainty contributions in the individual segments, see Figure 6-1. Possible errors of the beam splitters would also be eliminated by comparison with a reference measurement.

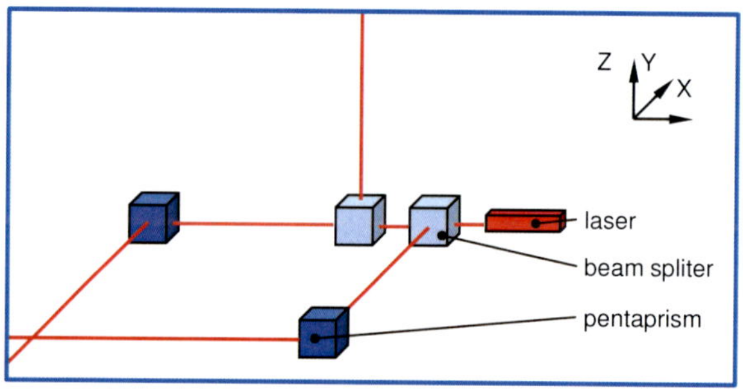


**Figure 6-1 Possible alternative beam path**

Furthermore, there are already measuring setups in literature for measuring concentricity and parallelism of rotary axes, see Figure 6-2 [BREC 21d]. The measurement setup could be extended for milling machine kinematics with rotary axes. Only one additional laser per rotary axis is required. The possibility to measure position errors of the rotary axes is particularly promising, since these can contribute to a large extent to the total error of these kinematic systems.

The use of Super-Invar instead of Invar in the measurement setup can contribute to the reduction of the material-related uncertainty contribution [MÖHR 15]. In addition, it would be conceivable to adjust the winding of the carbon rods to the residual strain of the invar parts. However, this procedure must be weighed up in particular regarding the additional costs incurred.

The improvement of the uncertainty calculation concerning the movement of the laser beam transverse to the propagation direction in inhomogeneous media is another possible approach. For more details, please refer to Roth and Stahl [ROTH 19]. A consideration of the spatial beam path in a possible gradient field could further reduce this uncertainty contribution. Furthermore, an extension of the adjustment possibilities of the pentaprism at the measuring frame could reduce the used range of the PSD or the corresponding uncertainty contribution.

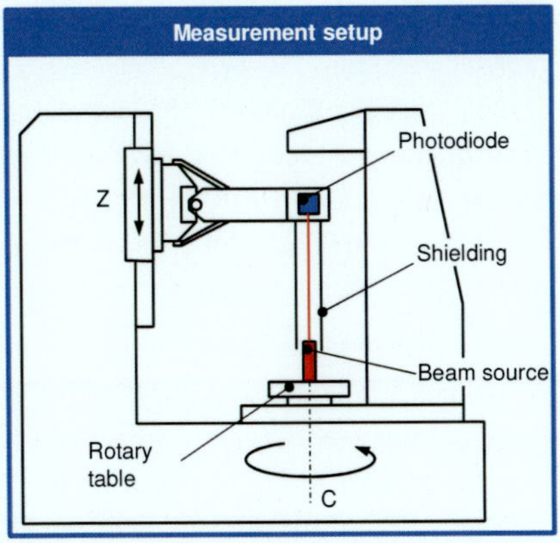


**Figure 6-2** **Measurement setup to determine radial runout of the workpiece table and the parallelism of the table axis to Z-axis [BREC 21d]**

Extending the modeling to include a data-driven spindle model, as presented by Brecher, Steinert, and Spierling, allows for further transparency regarding the causes of thermo-elastic TCP displacement and a capture of the spindle-side portion of the Z-axis positioning accuracy [BREC 21b].

In addition, mapping the influence of cooling lubricant is a useful extension of the modeling to complete the range of capabilities with a view to an industrial application. The identification of a cost-effective, suitable measurement setup is a reasonable first step. The adaptation of the modeling can then be built on this.

Furthermore, modeling with the Kalman filter allows the evaluation of arbitrary load spectra in the context of parameterization. The research of efficient parameterization strategies is of scientific and industrial interest. This is also particularly useful for the load resulting from the use of cooling lubricant. The industrial benefit is based on the saving of expensive test times.

The possibility of the measurement method and its extension by learning modeling to correct the TCP displacement have been described in the previous chapters. Safety concerns may prevent the application of the learning model in the control of the machine, since the effects of possible model failures due to the complex model structure are not transparent. Learning modeling opens the possibility to perform the parameter extraction from the model proposed by Brecher et al, see subsection 5.1. The extraction of parameters for a correction based on PT links bypasses the possible concerns due to the use of the fully deterministic PT model. Two exemplary applications for parameter extraction are outlined below. [BREC 21c]

After an appropriate learning period, a master parameter set can be determined from the determined parameters. This is particularly relevant for the environmental influence, as the effort required to train a fully comprehensive parameter set that also covers special cases, such as open workshop doors in winter and summer, is very high. Each machine equipped with a measuring system can train a parameter set specific to its location for this purpose.

Based on this, it is conceivable that the machine manufacturer distributes the higher-level parameter set to other users of identically designed machines via a platform. In the context of new business models in the machine tool industry, this idea offers corresponding potential for machine manufacturers to offer an additional service in the life cycle of the machine. With an increasing correction quality over the life cycle of the machine as a result of the completion of the parameter set, an increase in the quality of the manufactured components can be expected. [BREC 21c]

A further possibility of parameter extraction is the efficient evaluation of axis tests. The established procedure for training several support points of a PT element correction can require a considerable amount of experiments. For each support point, an axis test is required, after which the machine must cool down again. The reason for this is the need to be able to determine the individual parameters of the PT link. The learning correction offers the possibility to extract a complete parameter set from a test, which represents the desired load spectrum. The motivation for this procedure would be the hoped-for time saving in parameterization experiments.

# 7 Anhang

*Appendix*

## 7.1 Methodik zur Generierung zufälliger thermo-elastischer Fehler

*Method for random thermo-elastic error generation*

Dieser Anhang erläutert den in dieser Arbeit verwendeten Ansatz zur zufälligen Generierung von Achsfehlern für die Monte Carlo Simulation in Absatz 4.3.3. 3-Achs-Kinematiken weisen vier Arten von geometrischen Fehlern auf, für die zufällige Werte generiert werden sollen. Die Fehlerarten sind Positioniergenauigkeiten, Geradheiten, Winkelfehler und Rechtwinkligkeiten. Die maximal mögliche Amplitude der zufälligen Fehler bezogen auf den Arbeitsraum der Demonstratormaschine in Abschnitt 4.1.5 ist dabei an die messtechnische Erfahrung des Autors sowie die Literatur [WENN 18] angelehnt.

**Tabelle 7-1: Maximale Amplitude der zufälligen Fehler für die Demonstratormaschine**

*Maximum amplitude of random for the demonstrator machine*

| Positioniergenauigkeit | Geradheit | Winkelfehler | Rechtwinkligkeit |
|---|---|---|---|
| 10 µm/m | 5 µm/m | 10 µm/m | 25 µm/m |

Die Literaturwerte werden mit einem Sicherheitsfaktor von $s_{skal} = 3$ multipliziert, um andere Ausprägungen der Amplitude abzudecken. In den nachfolgenden Erläuterungen beschreibt $rand[a; b]$ eine gleichverteilte Zufallszahl, die in einer Rechteckverteilung mit der unteren Grenze $a$ und der oberen Grenze $b$ bestimmt wird.

Für Positioniergenauigkeiten exemplarisch wird in Gl. (7-1) $EXX$ berechnet. In der zugrunde gelegten Literatur zu den Fehleramplituden [WENN 18] ist gezeigt, dass die um den Abbe-Fehler bereinigte Positioniergenauigkeit einen annähernd linearen Verlauf hat. Der Ansatz ist deshalb rein linear. Für diese Arbeit werden Bearbeitungszentren mit direktem Messsystem untersucht, daher wird kein Steigungsfehler des Kugelgewindetriebs modelliert.

$$EXX(x) = s_{skal} \cdot EXX_{rand} \cdot \frac{x}{BAZx} \tag{7-1}$$

$$mit\ EXX_{lin} = rand[-1; 1] \cdot EXX_{max}$$

Bringmann hat bereits einen Ansatz zur zufälligen Bestimmung der Fehler serieller 5-Achs-Kinematiken vorgestellt [BRIN 06]; [BRIN 07]. Als mathematische Ansatzfunktion kommen Fourierreihen mit drei Reihenelementen zum Einsatz. Damit die drei Reihenelemente keinen Einfluss auf die maximale Amplitude haben, wird mit dem Faktor ein Drittel multipliziert. Für die Geradheiten werden die Annahmen von Bringmann übernommen, dass für die Abbildung einer buckelnden Achse die kleinste Fourier-Harmonische eine Wellenlänge gleich der doppelten Achslänge aufweisen muss und die Phase eine zufällige Verschiebung einbringt, vgl. Gl. (7-2).

$$EXY(x) = s_{skal} \cdot \frac{EXY_{rand}}{3} \cdot \sum_{j=1}^{3} cos\left(j \cdot \frac{x}{BAZx} \cdot \pi + \varphi_{rand}\right) \tag{7-2}$$

mit $EXY_j = rand[0; 1] \cdot EXY_{max}$

mit $\varphi_{EXY_j} = rand[0; 1] \cdot 2 \cdot \pi$

Für die Generierung der Winkelfehler wird ebenfalls der Ansatz von Bringmann genutzt, vgl. Gl. (7-3) . Es kommen erneut drei Reihenelemente zum Einsatz und die Reihe wird, wie schon bei den Geradheiten, mit einem Drittel multipliziert, um die maximale Amplitude der Reihe auf 1 zu begrenzen.

$$EBX(x) = s_{skal} \cdot \frac{EBX_{rand}}{3} \cdot \sum_{j=2}^{4} cos(j \cdot \frac{x}{BAZx} \cdot \pi + \varphi_{rand}) \tag{7-3}$$

mit $EBX_j = rand[0; 1] \cdot EBX_{max}$

mit $\varphi_{EBX_j} = rand[0; 1] \cdot 2 \cdot \pi$

Die Rechtwinkligkeiten werden als gleichverteilte Zufallszahl bestimmt, siehe Gl. (7-4).

$$EC0Y = s_{skal} \cdot rand[-1; 1] \cdot EC0Y_{max} \tag{7-4}$$

# Literaturverzeichnis

*References*

[BÄUE 09] Bäuerle, D.: Laser. Weinheim: WILEY-VCH Verlag GmbH & Co. KGaA, 2009

[BAUM 18] Baum, C.; Brecher, C.; Klatte, M.; Lee, T. H.; Tzanetos, F.: Thermally induced volumetric error compensation by means of integral deformation sensors. In: Procedia CIRP. 72. Jg., 2018. S. 1148–1153

[BIER 15] Biermann, D.; Iovkov, I.: Modelling, simulation and compensation of thermal effects for complex machining processes. In: Production Engineering. 9. Jg., 2015, Nr. 4. S. 433–435

[BLAS 17] Blaser, P.; Pavliček, F.; Mori, K.; Mayr, J.; Weikert, S.; Wegener, K.: Adaptive learning control for thermal error compensation of 5-axis machine tools. In: Journal of Manufacturing Systems. 44. Jg., 2017. S. 302–309

[BLAS 19] Blaser, P.; Mayr, J.; Wegener, K.: Long-term thermal compensation of 5-axis-machine tools due to thermal adaptive learning control. In: MM Science Journal. 2019. Jg., 2019, Nr. 04. S. 3164–3171

[BLAS 20] Blaser, P.: Adaptive Learning Control for Thermal Error Compensation ETH Zurich, 2020

[BONS 99] Bonse, R.: Thermisches Last-Verformungsverhalten von Werkzeugmaschinen. (Reihe: Berichte aus der Produktionstechnik. Bd. Bd 14/99). Aachen: Shaker, 1999

[BREC 04] Brecher, C.; Hirsch, P.; Weck, M.: Compensation of Thermo-elastic Machine Tool Deformation Based on Control internal Data. In: CIRP Annals. 53. Jg., 2004, Nr. 1. S. 299–304

[BREC 11] Brecher, C.: Integrative Produktionstechnik für Hochlohnländer. Berlin, Heidelberg: Springer Berlin Heidelberg, 2011

[BREC 14] Brecher, C.; Wennemer, M.; Fey, M.: Temperaturstabile Werkzeugmaschinen. In: wt Werkstattstechnik online. 104. Jg., 2014

[BREC 17] Brecher, C.; Weck, M.: Werkzeugmaschinen Fertigungssysteme 2. (Reihe: VDI-Buch). Berlin, Heidelberg: Springer Berlin Heidelberg, 2017

[BREC 17a] Brecher, C.; Behrens, J.; Lee, T. H.; Charlier, S.: Calibration of five-axis machine tool using R-test procedure. In Blunt, L.; Knapp, W. (Hrsg.): Laser metrology and machine performance XII. Bedfordshire: euspen, 2017. S. 154–163

[BREC 17b] Brecher, C.; Brozio, M.; Klatte, M.; Lee, T. H.; Tzanetos, F.: Application of an Unscented Kalman Filter for Modeling Multiple Types of Machine Tool Errors. In: Procedia CIRP. 63. Jg., 2017. S. 449–454

[BREC 18] Brecher, C.; Kneer, R.; Spierling, R.; Frekers, Y.; Fey, M.: Ein Beitrag zur Modellierung des thermischen Umgebungseinflusses an Werkzeugmaschinen. In: Zeitschrift für wirtschaftlichen Fabrikbetrieb. 113. Jg., 2018, Nr. 7-8. S. 448–452

[BREC 18b] Brecher, C.; Behrens, J.; Klatte, M.; Lee, T. H.; Tzanetos, F.: Measurement and analysis of thermo-elastic deviation of five-axis machine tool using dynamic R-test. In: Procedia CIRP. 77. Jg., 2018. S. 521–524

[BREC 19] Brecher, C.; Lee, T. H.; Tzanetos, F.; Zontar, D.: Hybrid modeling of thermo-elastic behavior of a three-axis machining center using integral deformation sensors. In: Procedia CIRP. 81. Jg., 2019. S. 1301–1306

[BREC 21a] Brecher, C.; Spierling, R.; Fey, M.; Neus, S.: Direct measurement of thermo-elastic errors of a machine tool. In: CIRP Annals. 70. Jg., 2021, Nr. 1. S. 333–336

[BREC 21b] Brecher, C.; Steinert, A.; Spierling, R.; Neus, S.: Efficient Parameterization of thermo-elastic correction Models for externally driven spindles. In: MM Science Journal. 2021. Jg., 2021, Nr. 1. S. 4291–4298

[BREC 21c] Brecher, C.; Biernat, B.; Fey, M.; Kehne, S.; Lohrmann, V., Spierling, R.; Wiesch, M.: Data Science in Production. In: Internet of Production. Aachen, 22.-23.09.21. S. 221–258

[BREC 21d] Brecher, C.; Weck, M.: Machine tools production systems. (Reihe: Lecture notes in production engineering). Berlin, Heidelberg: Springer, 2021

[BREC 22] Brecher, C.; Spierling, R.; Fey, M.: Measurement uncertainty of a new machine-integrated, PSD based approach for thermo-elastic error measurement. In: MM Science Journal. 15. Jg., 2022, Nr. June 2022. S. 5713–5720

[BRIN 05] Bringmann, B.; Küng, A.; Knapp, W.: A Measuring Artefact for true 3D Machine Testing and Calibration. In: CIRP Annals. 54. Jg., 2005, Nr. 1. S. 471–474

[BRIN 06] Bringmann, B.; Knapp, W.: Model-based 'Chase-the-Ball' Calibration of a 5-Axes Machining Center. In: CIRP Annals. 55. Jg., 2006, Nr. 1. S. 531–534

[BRIN 07] Bringmann, B.: Improving geometric calibration methods for multi-axis machining centers by examining error interdependencies effects ETH Zurich, 2007

[BRÜS 85] Brüstle, M.: Beitrag zur adaptiven Verbesserung der Arbeitsgenauigkeit von CNC-Werkzeugmaschinen durch mikroprozessorgestützte Istwertmodifikation. Dissertation Leibnitz Universität, 1985

[BRYA 68] Bryan, J.: International Status of Thermal Error Research. In: CIRP Annals. 16. Jg., 1968. S. 203–215

[BRYA 90] Bryan, J.: International Status of Thermal Error Research (1990). In: CIRP Annals. 39. Jg., 1990, Nr. 2. S. 645–656

[BUEN 97] Bueno, R.; Arzamendi, J.; Almandoz, X.: Thermal Modal Analysis and Modelling of Machine-Tools. In Chedmail, P.; Bocquet, J.-C.; Dornfeld, D. (Hrsg.): Integrated Design and Manufacturing in Mechanical Engineering. Dordrecht: Springer Netherlands, 1997. S. 307–315

[BUNG 17] Bunge, C.-A.; Gries, T.; Beckers, M.: Polymer optical fibres. (Reihe: Woodhead Publishing Series in Electronic and Optical Materials. Bd. number 89). Amsterdam, Boston, Cambridge: Woodhead Publishing an imprint of Elsevier, 2017

[CARL 18] Carl Zeiss 3D Automation GmbH: Tastsystemausrüstung VAST. Original Zubehör vom Technologieführer. Aalen, 2018. Katalog

[CAST 08] Castro, H.: Uncertainty analysis of a laser calibration system for evaluating the positioning accuracy of a numerically controlled axis of coordinate measuring machines and machine tools. In: Precision Engineering. 32. Jg., 2008, Nr. 2. S. 106–113

[CHEN 95] Chen, J. S.; Chiou, G.: Quick testing and modeling of thermally-induced errors of CNC machine tools. In: International Journal of Machine Tools and Manufacture. 35. Jg., 1995, Nr. 7. S. 1063–1074

[CIDD 96] Ciddor, P. E.: Refractive index of air. In: Applied optics. 35. Jg., 1996, Nr. 9. S. 1566–1573

[DENA 55] Denavit, J.; Hartenberg, R. S.: A kinematic notation for lower-pair mechanisms based on matrices. In: Applied Mechanics. 22. Jg., 1955. S. 215–221

[DEUT 20] Deutsch, J.; Albrecht, T.; Riedel, M.; Penter, L.; Wiemeer, H.; Müller, J.; Ihlenfeld, S.: Thermo-elastic structural analysis of a machine tool using a multi-channel absolute laser interferometer. In: Journal of Machine Engineering. 20. Jg., 2020, Nr. 3. S. 63–75

[DIET 14] Dietrich, E.; Radeck, M.: Prüfprozesseignung nach VDA 5 und ISO 22514-7. München: Carl Hanser Verlag GmbH & Co. KG, 2014

[DIN 95] DIN 1319-1 (1995-01-00). Grundlagen der Meßtechnik - Teil 1: Grundbegriffe

[DIN 1319] Norm 1319-1:1995-01 (1995-01-00). Grundlagen der Meßtechnik - Teil 1: Grundbegriffe

[DIN EN 60751] Norm DIN EN 60751 (2009-05). Industrielle Platin-Widerstandsthermometer und Platin-Temperatursensoren (IEC 60751:2008)

[EDLÉ 66] Edlén, B.: The Refractive Index of Air. In: Metrologia. 2. Jg., 1966. S. 71–80

[EICH 10] Eichler, H.-J.: Laser. [Place of publication not identified]: Springer, 2010

[EINS 16] Einstein, A.: Zur Quantentheorie der Strahlung. In: Mitteilungen der Physikalischen Gesellschaft Zürich, 1916, Nr. 18

[FLOR 16] Flore, J.: Optimierung der Genauigkeit fünfachsiger Werkzeugmaschinen. (Reihe: Produktionsmaschinen. Bd. 2016, Band 35). 1. Auflage. Aufl. Aachen: Apprimus Verlag, 2016

[GEBH 14] Gebhardt, M.; Mayr, J.; Furrer, N.; Widmer, T.; Weikert, S.; Knapp, W.: High precision grey-box model for compensation of thermal errors on five-axis machines. In: CIRP Annals. 63. Jg., 2014, Nr. 1. S. 509–512

[GOME 13] Gomez-Acedo, E.; Olarra, A.; Orive, J.; La Lopez de Calle, L. N.: Methodology for the design of a thermal distortion compensation for large machine tools based in state-space representation with Kalman filter. In: International Journal of Machine Tools and Manufacture. 75. Jg., 2013. S. 100–108

[GROS 15] Großmann, K.: Thermo-Energetic Design of Machine Tools. (Reihe: Lecture Notes in Production Engineering Ser). Cham: Springer International Publishing AG, 2015

[GROß 06] Großmann, K.; Jungnickel, G.: Prozessgerechte Bewertung des thermischen Verhaltens von Werkzeugmaschinen. (Reihe: Lehre, Forschung, Praxis). Dresden: Inst. für Werkzeugmaschinen und Steuerungstechnik, Lehrstuhl für Werkzeugmaschinen, 2006

[HAHN 19] HAHN+KOLB Werkzeuge GmbH: Elektronische Richtwaagen NIVELTRONIC. HK-38450010, 2019

[HAYK 01] Haykin, S.: Kalman Filters. In Haykin, S. (Hrsg.): Kalman filtering and neural networks. (Reihe: Adaptive and learning systems for signal processing, communications, and control). New York: Wiley, 2001. S. 1–21

[HEID 21] Heidenhain: Längenmessgeräte für gesteuerte Werkzeugmaschinen. Traunreut, 10/2021

[HEIS 79] Heisel, U.: Ausgleich thermischer Deformationen an Werkzeugmaschinen. Dissertation TU Berlin, 1979

[HERN 96] Hernla, M.: Messunsicherheit und Fähigkeit. In: Qualität und Zuverlässigkeit. 41. Jg., 1996. S. 1156–1162

[HONG 09] Hongfei, L.; Ying, X.; Zhong, C.: A High Precision Optical Position Detector Based on Duo-lateral PSD. In: 2009 International Forum on Computer Science-Technology and Applications. Chongqing, China, 25.12.2009 - 27.12.2009. S. 90–92

[HOPM 17] Hopmann, C.; Michaeli, W.: Einführung in die Kunststoffverarbeitung. München: Carl Hanser Verlag GmbH & Co. KG, 2017

[HORN 17] Hornbogen, E.; Eggeler, G.; Werner, E.: Werkstoffe. Berlin, Heidelberg: Springer Berlin Heidelberg, 2017

[HUGH 00] Hughes, E. B.; Wilson, A.; Peggs, G. N.: Design of a High-Accuracy CMM Based on Multi-Lateration Techniques. In: CIRP Annals. 49. Jg., 2000, Nr. 1. S. 391–394

[HUGH 98] Schutzrecht EP000000919830A2 (16.10.1998). Hughes, E. B.: Nachführsystem

[ISO 10791-6] ISO 10791-6 (2014-12-00). Test conditions for machining centres - Part 6: Accuracy of speeds and interpolations

[ISO 22514-7] ISO 22514-7 (2012-09-00). Statistical methods in process management - Capability and performance - Part 7: Capability of measurement processes

[ISO 230-1] ISO 230-1 (01.03.2012). Test code for machine tools — Part 1: Geometric accuracy of machines operating under no-load or quasi-static conditions

[ISO 230-2] ISO 230-2 (01.05.2014). Test code for machine tools - Part 2: Determination of accuracy and repeatability of positioning of numerically controlled axes

[ISO 230-3] 230-3 (01.11.2020). Test code for machine tools - Part 3: Determination of thermal effects

[ISO 230-4] ISO 230-4 (01.04.05). Circular tests for numerically controlled machine tools

[ISO 841] ISO 841 (2001). Industrial automation systems and integration — Numerical control of machines — Coordinate system and motion nomenclature

[JATZ 11] Jatzkowski, P.: Ressourceneffiziente Kalibrierung von 5-Achs-Werkzeugmaschinen mit Tracking-Interferometern. (Reihe: Edition Wissenschaft - Apprimus. Bd. Bd. 2011,2). 1. Aufl. Aufl. Aachen: Apprimus-Verl., 2011

[JCGM 08a] JCGM 100:2008 (September 2008). Evaluation of measurement data — Guide to the expression of uncertainty in measurement

[JCGM 08b] JCGM 101:2008 (2008). Evaluation of measurement data — Supplement 1 to the "Guide to the expression of uncertainty in easurement" — Propagation of distributions using a onte Carlo method

[JCGM 12] JCGM 200:2012 (September 2012). Joint Committee for Guides in Metrology: International vocabulary of metrology – Basic and general concepts and associated terms (VIM)

[JUNG 00] Jungnickel, G.: Simulation des thermischen Verhaltens von Werkzeugmaschinen. (Reihe: Lehre, Forschung, Praxis - Schriftenreihe des Lehrstuhls für Werkzeugmaschinen, TU Dresden), 2000

[KIEF 17] Kief, H. B.; Roschiwal, H. A.; Schwarz, K.: CNC-Handbuch. 30., überarbeitete Auflage. Aufl. München: Hanser, 2017

[KIM 01] Kim, K.-D.; Chung, S.-C.: Quick Identification of Spartial-Variant Thermal Errors using On-Machine Measurement of a 3D Artifact. In SME (Hrsg.): Transactions of NAMRI/SME. (Reihe: Transactions of NAMRI/SME. Bd. 29), 2001. S. 593–600

[KIM 04] Kim, K.-D.; Chung, S.-C.: Synthesis of the 3D artefact for quick identification of thermal errors in machine tools. In: International Journal of Production Research. 42. Jg., 2004, Nr. 6. S. 1167–1187

[KLAT 19] Klatte, M.: Korrekturmodelle thermisch bedingter TCP-Verlagerungen mit Hilfe maschinenintegrierter Verformungssensoren. Dissertation RWTH Aachen, 2019

[KNYA 63] Knyazhitskii, I.: Compensation for errors in jig-boring machine induced by heat deformation. In: Maschines and Tooling 34. 34. Jg., 1963, Nr. 3. S. 5–8

[LEE 18] Lee, T. H.; Behrens, J.; Gierlings, S.; Brecher, C.: Approach for zero defect manufacturing: Geometric calibration of five-axis machine tools for blisk manufacturing process. In ASME Turbo Expo; International Gas Turbine Institute; American Society of Mechanical Engineers (Hrsg.): Proceedings of the ASME Turbo Expo: Turbomachinery Technical Conference and Exposition - 2018. New York, N.Y.: The American Society of Mechanical Engineers, 2018. S. 1–7

[LYNC 09] Lynch, A.; Focke, K.: Strahlablenkung: Prismen und Spiegel im Vergleich. In: Photonik, 2009, Nr. 03. S. 50–54

[MAIM 60] Maiman, T. H.: Optical and Microwave-Optical Experiments in Ruby. In: Physical Review Letters. 4. Jg., 1960, Nr. 11. S. 564–566

[MAYR 12] Mayr, J.; Jedrzejewski, J.; Uhlmann, E.; Alkan Donmez, M.; Knapp, W.; Härtig, F.; Wendt, K.; Moriwaki, T.; Shore, P.; Schmitt, R.; Brecher, C.; Würz, T.; Wegener, K.: Thermal issues in machine tools. In: CIRP Annals. 61. Jg., 2012, Nr. 2. S. 771–791

[MIEK 14] Mieke, S.: Berechnung der Messunsicherheit nach GUM Kurzfassung in 20 min. Vortrag. , 2014

[MITC 97] Mitchell, T. M.: Machine learning. (Reihe: McGraw-Hill series in computer science). International ed., [Reprint.]. Aufl. New York, NY: McGraw-Hill, 1997

[MITS 01] Mitsuishi, M.; Warisawa, S.; Hanayama, R.: Development of an Intelligent High-Speed Machining Center. In: CIRP Annals. 50. Jg., 2001, Nr. 1. S. 275–280

[MÖHR 15] Möhring, H.-C.; Brecher, C.; Abele, E.; Fleischer, J.; Bleicher, F.: Materials in machine tool structures. In: CIRP Annals. 64. Jg., 2015, Nr. 2. S. 725–748

[MORF 02] Schutzrecht WO 2004/034164 A1 (11.10.2002). Morfino, G.: ystem and Process for Measuring, Compensating and Testing Numerically Controlled Machine Tool Heads and/or Tables

[MORI 92] Moriwaki, T.; Zhao, C.: Neural network approach to identify thermal deformation of machining center. In: Human Aspects in Computer Integrated Manufacturing: Elsevier, 1992. S. 685–697

[NAUM 12] Naumann, C.: Modellierung des Thermo-Elastischen Verhaltens von Werkzeugmaschinen mittels Hochdimensionaler Kennfelder. In Hoffmann, F. (Hrsg.): Proceedings 22. Workshop Computational Intelligence. (Reihe: Schriftenreihe des Instituts für Angewandte Informatik -

Automatisierungstechnik am Karlsruher Institut für Technologie. Bd. 45). Karlsruhe: KIT Scientific Publishing, 2012. S. 365–384

[NAUM 17] Naumann, C.; Ihlenfeld, S.; Spierling, R.; Wennemer, M.; Fey, M.; Brecher, C.; Thiem, X.; Riedel, M.; Kauschinger, B.: Experimentelle Analyse modellbasierter Korrekturverfahren für thermo-elastische Verformungen im Online-Einsatz an einer Demonstratormaschine. Dresden, 22.03.2017

[NEST 92] Nestmann, S.: Thermisches Verhalten von Werkzeugmaschinen. In: Fertigungstechnik und Betrieb. 42. Jg., 1992, Nr. 5. S. 214–217

[NISC 10] Nisch, S.; Schmitt, R.: Production integrated 3D measurements on large machine tools. In: Proceedings of the Large Volume Metrology Conference (LVMC). Chester, UK, 2010

[OKUS 75] Okushima, K.; Kakino, Y.: Compensation of Thermal Displacement by Coodinate System Correction. In: CIRP Annals. 24. Jg., 1975, Nr. 1. S. 327–331

[PFEI 10] Pfeifer, T.; Schmitt, R.: Fertigungsmesstechnik. 3., überarb. und erw. Aufl. Aufl. München: Oldenbourg, 2010

[POPR 05] Poprawe, R.: Lasertechnik für die Fertigung. (Reihe: VDI-Buch). Berlin: Springer, 2005

[RAHN 13] Rahneberg, I.: Untersuchung zu optischen Mehrkomponentenmesssystemen. Illmenau, 2013

[RENI 17] Renishaw PLC: Renishaw stellt das neue 6D-Lasersystem XM-60 vor. Wotton-under-Edge

[RENI 18] Renishaw PLC: XM multi-axis calibrator. User guide. New Mills, Wotton-under-Edge, Gloucestershire, United Kingdom, 01.09.2018

[RENI 19] Renishaw PLC: XM-60 und XM-600 Lasersystem. Benutzerhandbuch, 01.10.2019

[ROTH 19] Roth, S.; Stahl, A.: Optik, 2019

[RUSS 22] Russell, S. J.; Norvig, P.: Artificial intelligence. (Reihe: Pearson series in artificial intelligence). Fourth edition, global edition. Aufl. Harlow: Pearson, 2022

[SART 95] Sartori, S.; Zhang, G. X.: Geometric Error Measurement and Compensation of Machines. In: CIRP Annals. 44. Jg., 1995, Nr. 2. S. 599–609

[SCHÜ 71] Schüßler, H.-H.: Die Eignung von Laser-Strahl und photoelektrischen Detektoren zur Messung der Abweichung von Geradlinigkeit und Ebenheit im Maschinenbau. Dissertation RWTH Aachen, 08.02.1971

[SCHW 02] Schwenke, H.; Neuschaefer-Rube, U.; Pfeifer, T.; Kunzmann, H.: Optical Methods for Dimensional Metrology in Production Engineering. In: CIRP Annals. 51. Jg., 2002, Nr. 2. S. 685–699

[SCHW 05] Schwenke, H.; Franke, M.; Hannaford, J.; Kunzmann, H.: Error mapping of CMMs and machine tools by a single tracking interferometer. In: CIRP Annals. 54. Jg., 2005, Nr. 1. S. 475–478

[SCHW 08] Schwenke, H.; Knapp, W.; Haitjema, H.; Weckenmann, A.; Schmitt, R.; Delbressine, F.: Geometric error measurement and compensation of machines—An update. In: CIRP Annals. 57. Jg., 2008, Nr. 2. S. 660–675

[SONG 00] Song, D.: Real-time measurement of spindle thermal deformation using interferometers. In: Optical Engineering. 39. Jg., 2000, Nr. 8. S. 2114

[SPIE 23] Spierling, R.; Plum, F.; Fey, M.; Brecher, C.: Machine learning model for thermo-elastic machine tool errors, 2023

[SPUR 86] Spur, G.; Hoffmann, E.; Qiu, J.; Suppanz, N.: Eine Methode zum Ausgleich thermisch bedingter axialer Spindelverlagerungen an numerisch gesteuerten Werkzeugmaschinen. In: Zeitschrift für wirtschaftlichen Fabrikbetrieb. 81. Jg., 1986, Nr. 11. S. 645–651

[STAC 73] Stachowiak, H.: Allgemeine Modelltheorie. Wien New York: Springer, 1973

[THIE 18] Thiem, X.; Kauschinger, B.; Ihlenfeld, S.: Structure model based correction of machine tools. In Ihlenfeldt, S.; Brecher, C.; Putz, M.; Billington, D. (Hrsg.): Conference on Thermal Issues in Machine Tools. 1. Auflage. Aufl. Auerbach/Vogtland: Verlag Wissenschaftliche Scripten, 2018. S. 309–318

[TIPL 15] Tipler, P. A.; Mosca, G.; Wagner, J.; Basler, M.; Kommer, C.: Physik für Wissenschaftler und Ingenieure. (Reihe: Lehrbuch). 7. dt. Aufl. Aufl. Berlin: Springer Spektrum, 2015

[TRAP 82] Trapet, E.: Ein Beitrag zur Verringerung der Meßunsicherheit von Fluchtungsmeßsystemen auf Laserbasis. Dissertation RWTH Aachen, 1982

[US 8659763B2] Schutzrecht US8659763B2 (27.05.11). Kahle, L.; Loose, R.; Mirbach, H. J.; Troup, T.: Method for machine measurement

[VAN 04] van der Merwe, R.: Sigma-Point Kalman Filters for Probabilistic Inference in Dynamic State-Space Models. Dissertation Oregon Health & Science University, 2004

[VDA 11] VDA Verband der Automobilindustrie: Qualitätsmanagement in der Automobilindustrie Band 5. (Reihe: Qualitätsmanagement in der Automobilindustrie. Bd. 5). 2. vollständige überarbeitete Auflage. Aufl. Frankfurt am Main, 2011

[VDI 13] VDI Verein deutscher Ingenieure: VDI-Wärmeatlas. (Reihe: Springer reference). 11., bearb. und erw. Aufl. Aufl. Berlin: Springer Vieweg, 2013

[VDW 21] VDW: Marktbericht 2020. Die deutsche Werkzeugmaschinenindustrie und ihre Stellung im Weltmarkt. Frankfurt am Main, 2021

[WAGN 17] Wagner, P.: Werkzeugschnittstellen für Drehmaschinen. (Reihe: Werkzeugmaschinen. Bd. Band 36/2017). 1. Auflage. Aufl. Aachen: Apprimus Verlag, 2017

[WAN 00] Wan, E. A.; van der Merwe, R.: The unscented Kalman filter for nonlinear estimation. In: Proceedings of the IEEE 2000 Adaptive Systems for Signal Processing, Communications, and Control Symposium (Cat. No.00EX373). Lake Louise, Alta., Canada, 1-4 Oct. 2000. S. 153–158

[WAN 01a] Wan, E. A.; Nelson, A. T.: Dual Extended Kalman Filter Methods. In Haykin, S. (Hrsg.): Kalman filtering and neural networks. (Reihe: Adaptive and learning systems for signal processing, communications, and control). New York: Wiley, 2001

[WAN 99] Wan, E. A.; van der Merwe, R.; Nelson, A. T.: Dual estimation and the unscented transformation. In: Proceedings of the 12th International Conference on Neural Information Processing Systems. S. 1–7

[WECK 93] Weck, M.: Werkzeugmaschinen, Fertigungssysteme Band 4. Düsseldorf: VDI-Verlag, 1993

[WECK 95] Weck, M.; McKeown, P.; Bonse, R.; Herbst, U.: Reduction and Compensation of Thermal Errors in Machine Tools. In: CIRP Annals. 44. Jg., 1995, Nr. 2. S. 589–598

[WENN 18] Wennemer, M.: Methode zur messtechnischen Analyse und Charakterisierung volumetrischer thermo-elastischer Verlagerungen von Werkzeugmaschinen. (Reihe: Ergebnisse aus der Produktionstechnik. Bd. 2018, Band 8). 1. Auflage. Aufl. Aachen: Apprimus Verlag, 2018

[WILH 01] Wilhelm, R. G.; Hocken, R.; Schwenke, H.: Task Specific Uncertainty in Coordinate Measurement. In: CIRP Annals. 50. Jg., 2001, Nr. 2. S. 553–563

[WISS 14] Wissmann, A.: Steuerungsinterne Korrektur thermisch bedingter Strukturverformungen von Bearbeitungszentren. (Reihe: Werkzeugmaschinen. Bd. Bd. 2014,24). 1. Aufl. Aufl. Aachen: Apprimus Verlag, 2014

[WULF 91] Wulfsberg, J. P.: Diagnose und Kompensation thermischer Verlagerungen in Schleifmaschinen. Dissertation Universität Hannover, 1991

[YANG 03] Yang, H.; Ni, J.: Dynamic Modeling for Machine Tool Thermal Error Compensation. In: Journal of Manufacturing Science and Engineering. 125. Jg., 2003, Nr. 2. S. 245–254

[YANG 04] Yang, S.-H.; Kim, K.-H.; Park, Y. K.; Lee, S.-G.: Error analysis and compensation for the volumetric errors of a vertical machining centre using a hemispherical helix ball bar test. In: The International Journal of Advanced Manufacturing Technology. 23. Jg., 2004, Nr. 7-8. S. 495–500

[YANG 05a]Yang, H.; Ni, J.: Adaptive model estimation of machine-tool thermal errors based on recursive dynamic modeling strategy. In: International Journal of Machine Tools and Manufacture. 45. Jg., 2005, Nr. 1. S. 1–11

[YANG 05b]Yang, H.; Ni, J.: Dynamic neural network modeling for nonlinear, nonstationary machine tool thermally induced error. In: International Journal of Machine Tools and Manufacture. 45. Jg., 2005, Nr. 4-5. S. 455–465

In der Reihe **Ergebnisse aus der Produktionstechnik** zuletzt erschienen:

Rodemann, Niklas:
**Resiliente Produktionsnetzwerke durch datenbasierte Früherkennung**
ISBN: 978-3-98555-228-3
Erscheinungsdatum: 12.08.2024

Spierling, Robert:
**Abbildung thermo-elastischer Fehler von Fräsmaschinen auf Basis des photoelektrischen Effekts und eines lernenden Modells**
ISBN: 978-3-98555-208-5
Erscheinungsdatum: 12.08.2024

Eckel, Hans-Martin:
**Kinematische Analyse von Spindellagern unter statischen und dynamischen Kräften**
ISBN: 978-3-98555-226-9
Erscheinungsdatum: 01.08.2024

Hähnel, Sebastian:
**Das variationskraftgeregelte, schwingungsunterstützte Schleifen von gekrümmten Werkzeugstahloberflächen mit gummigebundenen Schleifstiften**
ISBN: 978-3-98555-225-2
Erscheinungsdatum: 22.07.2024

Kosel, Maximilian:
**Prozess- und Maschinenentwicklung für das kontinuierliche, variotherme Heißprägen**
ISBN: 978-3-98555-223-8
Erscheinungsdatum: 16.07.2024

Lender, Benjamin:
**Datenbasierte Identifikation von Heuristiken für das Entwicklungsmanagement**
ISBN: 978-3-98555-219-1
Erscheinungsdatum: 16.07.2024

Lukas, Gerret:
**Gestaltungsmodell zur thermischen Auslegung additiver Prototypenwerkzeuge aus Kunststoff**
ISBN: 978-3-98555-209-2
Erscheinungsdatum: 03.06.2024

Löffler, Bernd:
**Additiv gefertigte Kunststoffwerkzeuge für das Tiefziehen von Feinblech**
ISBN: 978-3-98555-211-5
Erscheinungsdatum: 27.05.2024

Dackweiler, Jonas:
**Planungseffizienz und -effektivität durch Plattformbasierte Fabrikplanung**
ISBN: 978-3-98555-220-7
Erscheinungsdatum: 27.05.2024

Schopen, Marco:
**Datenbasierte hybride Analyse und Gestaltung von Geschäftsprozessen**
ISBN: 978-3-98555-217-7
Erscheinungsdatum: 22.05.2024

Scholzen, Philipp:
**Auslegung geräuschoptimierter pulvermetallurgischer Stirnradverzahnungen**
ISBN: 978-3-98555-216-0
Erscheinungsdatum: 21.05.2024

Seelbach, Tobias:
**Prädiktion der Maßhaltigkeit beim Räumen von Profilnuten**
ISBN: 978-3-98555-213-9
Erscheinungsdatum: 21.05.2024

Edition Wissenschaft
Apprimus

Fiedler, Falko:

**Produkt- und prozessseitige Auslegung von bauteilintegrierten Vorrichtungsfunktionen**

ISBN: 978-3-98555-206-1

Erscheinungsdatum: 02.04.2024

Hohenstein, Steffen:

**Multidirektionaler Aufbau in der additiven Fertigung von Kunststoffen**

ISBN: 978-3-98555-203-0

Erscheinungsdatum: 05.03.2024

Ochel, Janis:

**Datengetriebene Strukturierung von NC-Zerspanprozessen**

ISBN: 978-3-98555-204-7

Erscheinungsdatum: 14.02.2024

Schulz, Malena:

**Digital Twin Methodology for the Automated Fiber Placement with In-situ Consolidation of Thermoplastic Tape**

ISBN: 978-3-98555-195-8

Erscheinungsdatum: 30.01.2024

Schweins, Julian:

**Datengestützte Gestaltung des nachhaltigen Werkzeuglebenszyklus**

ISBN: 978-3-98555-197-2

Erscheinungsdatum: 22.01.2024

Theling, Julian:

**Auslegung von Planetengetrieben im elastischen Verzahnungsumfeld unter Berücksichtigung der Wechselwirkungen des Mehrfacheingriffes**

ISBN: 978-3-98555-205-4

Erscheinungsdatum: 26.03.2024

Schukat, Esben:

**Kapazitätsorientierte Auftragsfreigabe in matrixstrukturierten Montagesystemen**

ISBN: 978-3-98555-189-9

Erscheinungsdatum: 20.02.2024

Metzmacher, Amelie Isabel:

**Beschäftigungsfähigkeit im produzierenden Sektor – Entwicklung des Predictive Model of Industrial Employability**

ISBN: 978-3-98555-201-6

Erscheinungsdatum: 13.02.2024

Olivier, Marcel:

**Abtragmechanismen beim drahtfunkenerosiven Bearbeiten elektrisch leitfähiger Keramiken im kohlenwasserstoffbasierten Dielektrikum**

ISBN: 978-3-98555-200-9

Erscheinungsdatum: 30.01.2024

Landwehr, Markus:

**Modellierung und Vorhersage des eigenspannungsbedingten Bauteilverzugs bei der Fräsbearbeitung**

ISBN: 978-3-98555-194-1

Erscheinungsdatum: 09.01.2024

Edition Wissenschaft
Apprimus

FSC www.fsc.org
MIX
Papier | Fördert gute Waldnutzung
FSC® C083411

Zeitfracht Medien GmbH
Ferdinand-Jühlke-Straße 7
99095 Erfurt, Deutschland
produktsicherheit@kolibri360.de